The Pocket Book of

INSECT 昆虫

ANATOMY

古 老 的 地 球 之 王

［英］**玛丽安·泰勒** 著

杨雪 译

CTS Ⓚ 湖南科学技术出版社

·长沙·

图书在版编目（CIP）数据

　昆虫：古老的地球之王／（英）玛丽安·泰勒著；
杨雪译 . — 长沙：湖南科学技术出版社，2023.3
　ISBN 978-7-5710-1960-0

　Ⅰ . ①昆… Ⅱ . ①玛… ②杨… Ⅲ . ①昆虫—普及读物
Ⅳ . ① Q96-49

中国版本图书馆 CIP 数据核字 (2022) 第 228595 号

著作版权登记号：字 18-2022-195

The Pocket Book of INSECT ANATOMY
By Marianne Taylor
Copyright UniPress Books 2020
This translation originally published in English in 2020 is
published by arrangement with UniPress Books Limited.

KUNCHONG: GULAO DE DIQIU ZHI WANG
昆虫：古老的地球之王

著　　　者：[英] 玛丽安·泰勒
译　　　者：杨　雪
总 策 划：陈沂欢
出 版 人：潘晓山
策划编辑：乔　琦　宫　超
责任编辑：李文瑶
特约编辑：张　悦
版权编辑：刘雅娟
责任美编：殷　健
营销编辑：王思宇　徐美惠
装帧设计：李　川
特约印制：焦文献
制　　版：北京美光设计制版有限公司
出版发行：湖南科学技术出版社
地　　址：长沙市开福区泊富国际金融中心 40 楼
网　　址：http://www.hnstp.com
湖南科学技术出版社天猫旗舰店网址：
　　　　　http://hnkjcbs.tmall.com
邮购联系：本社直销科 0731-84375808
印　　刷：北京华联印刷有限公司
版　　次：2023 年 3 月第 1 版
印　　次：2023 年 3 月第 1 次印刷
开　　本：635mm×965mm 1/16
印　　张：14
字　　数：281 千字
书　　号：ISBN 978-7-5710-1960-0
定　　价：78.00 元

目录

前言

在经历过多次重大的生物灭绝事件后，昆虫成为地球上发展得最成功的生物类群。大多数无脊椎动物生活在海洋和淡水中，而作为现存唯一的有翅类无脊椎动物，昆虫却征服了陆地和天空。这是因为昆虫的身体结构让它们可以脱离水生存，而且为了适应不同的生境，不同的昆虫身体结构发生了多样的进化。

昆虫的种类极其丰富，但它们的身体拥有相同的基本结构，很容易被识别。昆虫的身体被分成头、胸、腹三部分，其中胸部长有六条足和（通常）两对翅膀；头部长有眼睛和各种感觉与摄食器官。昆虫的身体结构早在 3.5 亿多年前就进化出来了，它们可以完成蠕动、奔跑、攀爬、垂吊、疾飞、捕猎、咀嚼叶片或吮吸汁水（或血液）等行为。

昆虫能够成功在野外生存的关键之一在于它们的身体表面长有蜡质层，可以防止它们脱水而死。另外，昆虫身体两侧长有气门，可以进行被动呼吸。它们拥有开管循环系统，便于维持身体的血压，并将养分和废料运输到身体的相应位置。昆虫的神经系统是模块化的——在某种意义上，昆虫身体的每个体节都有独立的神经系统，而其他身体

⊙ 一只美丽的刺花螳螂展示着翅膀上的眼斑，以惊吓捕食者

系统也表现出类似的模块化结构。尽管昆虫的变态发育（即从蠕虫型幼虫向有翅成虫转变）令人震撼，但这只是昆虫与人类诸多差异中的一小部分。

多样缔造美丽

人类目前已知的昆虫种类超过100万种，且科学家推测仍有大量昆虫物种尚未被发现。昆虫在地球的每一个大洲上都有分布，并能适应任何形式的生境，具有多元的生态作用。尽管有多种昆虫与人类关系密切，有些是我们永恒的伙伴，有些甚至被驯化用来养殖利用，还有一些则是我们的死敌，但大部分昆虫种类并未被人类所熟知。本书将在昆虫的机体如何运作、昆虫如何度过其一生、其他动物（包括人类）如何

依赖昆虫等方面，为大家揭开昆虫神秘的面纱。

1

祖先与进化

昆虫是陆地上物种最丰富的动物类群。漫长的进化史使昆虫拥有独特的适应性强的身体结构，并能够在所有环境下繁衍生息。昆虫在五次生物大灭绝事件中幸存下来，许多其他物种也成功克服艰难，活了下来，与人类一起蓬勃向前。

▷ 三叶虫是一种古老的节肢动物，也是昆虫的近亲——它的分节结构已被证明是一种持久、成功的身体结构

节肢动物的出现

昆虫隶属于无脊椎动物里较大的类群——节肢动物门，即具有分节的附肢。从外骨骼看，昆虫的身体也是分节的。

人类与其他哺乳动物以及所有脊椎动物一样，都拥有内骨骼。坚硬的骨头藏在身体内部，肌肉、血管、神经等柔软的结构包裹在骨骼外围。而昆虫恰恰相反，它们拥有外骨骼，身体柔软的部分被其包裹在内。

在节肢动物家族中，除了昆虫，还包括螃蟹及其所代表的甲壳动物、蜘蛛及其所代表的蛛形纲动物、千足虫和蜈蚣等。节肢动物身体的基本结构是两侧对称（即身体左右两侧互为镜像），身体被分为数个部分（即"体节"）。分节的足和其他附肢成对长在身体两侧。

外骨骼

在5.4亿年前，地球的海洋中出现了第一种长有分节的外骨骼和足的动物。这种动物的出现是生物进化史上的一次重大事件，它的身体结构使其对环境具有较强的适应性。（坚硬的外骨骼

⌄ 三叶虫化石。这些早期的节肢动物早在5.25亿年前便出现在地球上

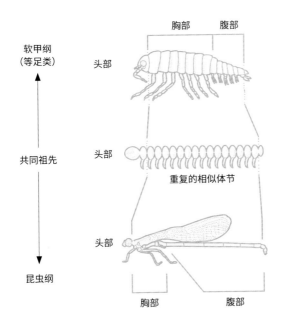

软甲纲
（等足类）

头部

胸部　腹部

共同祖先

头部

重复的相似体节

昆虫纲

头部

胸部　　　腹部

◁　现代节肢动物代表甲壳类（此处为等足类）和昆虫（此处为豆娘）均起源自原始多体节且长有分节附肢的共同祖先

更容易作为化石保存下来，为我们的研究带来很大帮助。）最早的节肢动物化石是一种小型生物的化石，尺寸从米粒大小到葡萄大小，就像蠕虫和甲壳动物的混合物。但这些化石不够清晰，很难对其进行鉴定。

三叶虫是曾经广布在5.25亿年前寒武纪海洋中的远古节肢动物。海蝎子或称"板足鲎"则是另一个重要的节肢动物类群，这些可怕的捕食者最早出现在4.6亿年前的奥陶纪。莱茵耶克尔鲎体长可达2.5米，是当之无愧的最大的节肢动物。三叶虫和板足鲎曾兴盛了2亿年，随后走向衰落，在2.52亿年前的二叠纪～三叠纪灭绝事件中彻底灭绝。

登陆

与此同时，在4.3亿～4.5亿年前的奥陶纪，其他节肢动物开始登陆，它们的身体结构已经能够适应陆地生活，这在进化科学中称为"前适应"。坚硬的、不透水的外骨骼大大降低了体液的流失；分节的附肢能够支撑身体四处移动。早期的陆生节肢动物中有一类蛛形动物，属于蛛形纲，与现代的蜘蛛很相似。大多数早期蛛形动物都很小，体长为0.5～2厘米，在2.9亿～3亿年前灭绝。而下一个节肢动物类群——昆虫在陆地上的扩张则截然不同。

第一种昆虫是谁？

　　3.95 亿～ 4 亿年前的泥盆纪，在欣欣向荣的先驱植物提供生活场所和食物的助力下，昆虫类群在陆地上不断扩张。

　　一块像这个字母"o"般大小的莱尼虫化石可追溯至 3.95 亿～4 亿年前的泥盆纪，被推测为最古老的昆虫化石，但这目前仍存在争议。这块莱尼虫化石的大部分是其小小的头部，身体的其他部分很少。1919 年，在苏格兰阿伯丁附近的乡村中，人们从红色的莱尼埃燧石层中挖掘出莱尼虫化石。1926 年，莱尼虫被描述成一类节肢动物——弹尾虫（或跳虫）的亲戚，并命名为 *Rhyniella praecursor*。1928 年，科学家经过重新比对，尤其是对其颚部——昆虫的"颌"的研究，证实莱尼虫是一种真正的昆虫，于是将其更名为 *Rhyniognatha hirsti*。

⋀　自衣鱼的祖先在 3.8 亿年前出现在地球上，其身体结构就几乎没有变化

改变的观点

　　在数十年间，莱尼虫化石因其"最古老的昆虫化石"而闻名。2002 年，它被放到更为先进的显微镜下重新研究。结果表明，莱尼虫的颚由两个关节连接，呈现出剪刀状结构。这种颚结构是在飞行昆虫中发现的，而非飞行类昆虫则没有这种结构，后者被认为拥有更早的起源。目前发现的最早的飞行昆虫化石比莱尼虫化石晚 7000 万～8000 万年。所以，如果确认莱尼虫是飞行昆虫，这将把飞行昆虫的起源往前推数千万年，昆虫的起源也可以追溯到更早的时间。

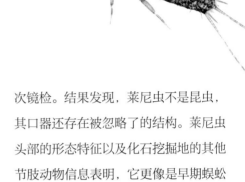

⊙ 斑衣鱼，世界广布的原始昆虫，经常出现在炎热潮湿的环境中

虽然莱尼虫化石没有翅膀，但这可能是因为它最初生活在温泉环境中，微小脆弱的翅膀很难保存下来。2002 年的研究表明，它可能是一只能够停落在人类指甲上的蜉蝣。

不是昆虫？

2017 年，情况又发生了反转。莱尼虫化石被放到更加先进的显微镜下再

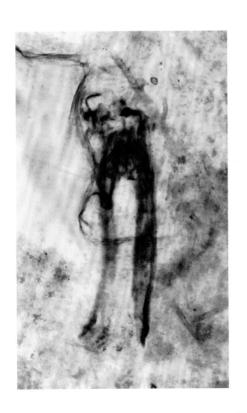

次镜检。结果发现，莱尼虫不是昆虫，其口器还存在被忽略了的结构。莱尼虫头部的形态特征以及化石挖掘地的其他节肢动物信息表明，它更像是早期蜈蚣的亲戚。也许，未来的显微镜能让专家对莱尼虫的身世有更确凿的证明。

我们一般认为，发现自北美东部至亚欧大陆的大约 3.8 亿年前的化石是早期的昆虫。它们没有翅膀，隶属于石蛃目和衣鱼目。这些昆虫被称为"原始昆虫"，在生物学上意味着它们在进化史早期出现，分类阶元在研究期间几乎没有改变或调整。

这并不是说它们停止进化，只是适合它们生存的环境在漫长的岁月中几乎保持原样。它们在持续的进化中秉持原有的生活习性，变得更适应环境。

⊙ 一块有争议的可能是早期昆虫莱尼虫的颚部化石

研究昆虫

我们对于昆虫多样性和生活习性的理解变得越发全面，这都得益于全球的科学家在实验室和野外科考中的努力钻研。

昆虫学是以昆虫为研究对象的科学。但同时，昆虫学也会运用其他学科的理念，比如遗传学、细胞生物学、比较解剖学、生态学、生物地理学和生物化学等。为了充分理解一个物种的存在，我们不仅需要研究它的形态、细胞结构、生命周期中的生理过程，还要关注活体昆虫如何利用环境以及适应生态系统。

科研人员可以在实验室以昆虫为样本开展多元的研究。基于大多数昆虫拥有体型小、易于喂养和繁殖力强的特点，科学家能够轻松获取组织样本，并在既定条件下研究昆虫的生活史与行为。一般来说，在野外研究昆虫行为是件困难的事情，而追踪单一个体在数秒中的运动更是不可能完成的。

为了保护濒危物种的种群数量，并获取更多的目标信息，昆虫学家在野外采集（简称"野采"）昆虫时会遵循一套严格的野采准则。另外，许多无脊椎动物都是受法律保护的，采集时需要获得特殊的许可证。如想了解详情，可以登录业余昆虫学家协会网站（Amateur Entomologists' Society）查询完整的昆虫采集行为守则。

生态学研究领域经常参考"公众科学"项目中来自业余爱好者的观测数据，这些非专业人士的研究在昆虫行为及其地理分布方

在实验室使用专门的仪器研究昆虫

业余昆虫爱好者在公园或野外都可以获得充足的乐趣

池塘探险是研究水生昆虫及其幼虫（如蜉蝣、豆娘或水龟虫）的好方法

面做出了巨大贡献。虽然大多数人没有机会使用电子显微镜或 DNA 测序仪，但野采时带上记录本记录途中所见是简单易行的事情。例如在英国，自然爱好者可以报名加入"英国蝴蝶监测计划"，并提交 1 平方英里（约259 万平方米）的 1/3 面积内的观测数据。

合作

为了积累更多的昆虫学知识，并促进昆虫生物学和昆虫生态学的学科研究，首要的步骤是寻找当地的昆虫学社团。这样的社团大多活跃在社交媒体上，同时，我们还能发现专门研究特定种类的昆虫社团、环保组织和当地致力于为野生动物谋福祉的公益组织。

第一种飞虫

3.59 亿年前的石炭纪，昆虫开始在陆地上广泛分布。其中，飞行昆虫的出现让昆虫晋升为主导力量。

地球上现存三类拥有自主供能且有持续可控飞行能力的动物，分别是昆虫、鸟类和蝙蝠，另外还有一类——翼龙已经灭绝。昆虫早在 2 亿年前，甚至更古老的时期就已经飞上了天空。2015 年，一项以现代昆虫 DNA 和其他遗传物质的突变率为对象的研究深度揭秘了昆虫的进化史。研究表明，昆虫最早出现在 5 亿年前，当时陆生植物也出现了，而有翅昆虫起源于 4 亿年前。

传统分类上，昆虫纲分为无翅亚纲和有翅亚纲。其中，无翅亚纲较早出现，并可能拥有多个进化起源。现生的有翅亚纲昆虫展现出极高的物种多样性和丰富度，并且均来自同一个祖先，这意味着它们在进化树上属于同一分支。

飞行方式

从昆虫的形态方面看，昆虫有几种飞行方式，本书的后续章节将展开详细的讲解。昆虫最早进化出的飞行方式是"直接飞行"，比如我们现在能见到的蜉蝣（蜉蝣目）、蜻蜓和豆娘（蜻蜓目），它们的飞行肌固着在发达的筒状

前胸小翅

⊙ 古网翅目是有翅昆虫中已灭绝的一个目，这类昆虫的前胸上长有一对额外的小翅

胸部和胸壁内的翅基之间。其他昆虫则使用"间接飞行"的方式，它们的飞行肌固着在胸部表面，借助胸腔的快速上下缩放带动翅膀振动而飞行。

昆虫飞行的起源

昆虫的两对翅膀可能起源于胸部的附肢或侧背叶。在昆虫翅膀进化的早期，当昆虫处于较高的植物上需要躲避捕食者时，近似翅膀的结构可能有利于紧急降落。渐渐地，这一结构在行走方面的能力退化，表面积不断扩大，从而进化出可控的滑翔能力，最终，昆虫具备了拍打翅膀飞上天空的能力。

早在 2.99 亿年前的二叠纪，地球上就出现了十几类有翅昆虫，比如蜉蝣、蜻蜓、蝗虫、蟑螂和古网翅目昆虫。

古网翅目是一个拥有极高物种多样性和丰富度的昆虫类群，但这一类群在二叠纪末期灭绝了。

Ⓐ 飞行昆虫，比如蟑螂，前翅覆翅狭长，后翅膜质

Ⓥ 蜉蝣在地球上已经生活了 3 亿年，是哺乳动物进化史的 2 倍之久

昆虫进化树

大多数昆虫的成体拥有六条足。尽管有的节肢动物也有六条足或相似的附肢，但它们不是昆虫。因此昆虫纲隶属于节肢动物门中一个较大的类群——六足亚门。

除了昆虫，六足亚门还包含三类物种数量较少的类群：**1** 体型很小的跳虫或弹尾虫，通过弹跳器实现远距离跳跃；**2** 生活在土壤中的原尾虫，绰号 "coneheads"（可理解为"锥头虫"）；**3** 腹部末端拥有两根细长的尾须或尾铗的双尾虫。这三类无翅节肢动物曾被划分在昆虫纲下，但目前与昆虫纲一起被划为六足亚门内。

正如之前所说，最早的昆虫是无翅类的，并被划分为石蛃目和衣鱼目两个类群。在3亿～3.5亿年前的石炭纪，昆虫物种发展迅速，进化出了几个重要的子群，比如蜉蝣、蜻蜓和蟑螂。

新的机遇

当环境中出现新的食物来源、栖息地和其他生态因子时，原始物种往往会快速演变出多种多样的物种，这称作"适应性辐射"，在昆虫纲的进化中很常见。比如，在2.7亿～2.9亿年前出现了昆虫纲的最大类群——鞘翅目。

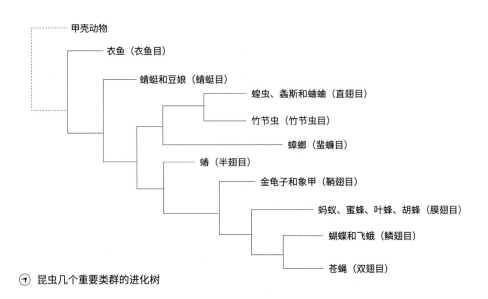

⌖ 昆虫几个重要类群的进化树

另一个可以追溯到这一时期的亚群是长翅目的蝎蛉，这些长翅目昆虫或它们的近亲可能起源于2.4亿～2.5亿年前的双翅目昆虫。

更多昆虫的演化

其他起源于长翅目的类群，比如毛翅目昆虫，出现在2.3亿年前。而毛翅目的姐妹群——鳞翅目，包括蛾子和蝴蝶（较晚起源），出现在2亿年前。蚤目中的蚤（俗称跳蚤）也起源于以长翅目为原型的昆虫，早期的跳蚤出现在1.5亿年前。另一个主要的昆虫类群——膜翅目，包括叶蜂、胡蜂、蜜蜂和蚂蚁等，和三叠纪早期的恐龙同时出现，距今约有2.2亿年的历史。在

1.45亿年前的白垩纪早期，地球上就出现了现代几乎所有的昆虫类群。

⌃ 原尾虫，拥有六条足，是昆虫的近亲

⌄ 弹尾虫和其他非昆虫的六足亚门动物有一些区别，比如其拥有内部口器而不是外部口器

分类进化树上的种群地位

数个世纪以来，生物学家都在努力进行生物分类工作。结合化石、比较解剖学、生物地理学、遗传学等多方面的信息，我们正在努力构建准确的生命进化树。

分类学研究关注的焦点是不同动物间的进化关系。就人类而言，有证据表明与人类关系最密切的现存动物是黑猩猩。而且，人类和黑猩猩拥有共同的祖先，生活在 600 万或 700 万年前。

昆虫与其他一些种类较少的类群共同组成了节肢动物门。节肢动物的近亲是其他无脊椎动物，包括缓步动物（或称水熊）、线虫和天鹅绒虫。上述动物分化自相同的祖先，是一种身体柔软分节的海洋动物，生活在 5.3 亿年前。目前发现的最古老的节肢动物化石形成于 5.1 亿年前。

大约在 4.19 亿年前，昆虫从早期节肢动物中分化出来，开启陆地生活。在传统分类上，我们将昆虫和甲壳动物划分为两个不同的节肢动物分支，它们在约 4 亿年前走向了不同的进化道路，并演化出各自独特的形态。然而，对二者 DNA 序列的研究发现，昆虫其实起源于甲壳动物的一个特定分支。在现代分类学上，昆虫和甲壳动物被归为泛甲壳动物。

分类学研究

精细的解剖学证据在研究动物亲缘关系上至关重要，如果仅仅通过表面特征来判断，很容易出错，比如，把海豚当作鱼，或者把蝙蝠当作鸟。同时，化石年代的准确测定也很重要，它是一个物种支系首次出现特定性状的直接证据。另外，我们可以利用生物地理学知识研究特定类群的起源地及其在世界各地的扩张路径。

DNA 测序是研究动物亲缘关系时的强有力的工具。通过对比动物的基因序列，并结合它们各自的基因突变率，我们可以计算出两种动物在某个时期的种间关系密切度和二者共同祖先的生存年代。这一相对新兴的研究方向为昆虫分类学研究提供了更多新的见解。

每种昆虫的学名（指明种、属、科）体现了生物学家研究得到的物种间的亲缘关系（详见第 18 页）。而新的遗传学研究使得一些昆虫的名字发生了变化，这意味着分类指南需要定期进行更新校正。

海绵动物　刺胞动物　扁形动物　线形动物　软体动物　环节动物　节肢动物　棘皮动物　脊索动物
　　　　　（水母、珊瑚）　　　　　　　　　　　　　　　　　　　　　　　　　　（海星、海胆）

原口动物演化　　　　　　　　　　　　后口动物演化

辐射对称：胚胎
由内外不同的细
胞层发育而成

　　　　　　　　两侧对称：胚胎由内部、
　　　　　　　　中心和外部不同的细胞
　　　　　　　　层发育而成

不同进化类型的身体组
织，胚胎细胞拥有不同
的细胞层

多细胞生物演化

祖先：单细胞生物

⊙　主要动物类群进化的简化分支图。其上
标注了进化中出现的关键特征，比如左右对
称，显示了节肢动物及其近亲——环节动物
适应环境的身体进化。原口动物和后口动物
的主要区别在于胚胎：原口动物早期胚胎的
一端向里陷进去，形成"U"字形，"U"
字的口将会发育为成体的口；而后口动物的
相应位置则发育为成体的肛门

昆虫分类

昆虫纲现包含 30 个目，每个目的昆虫又被划分为更具体的类群。

豆娘　　　　　　　　　　　　蜻蜓

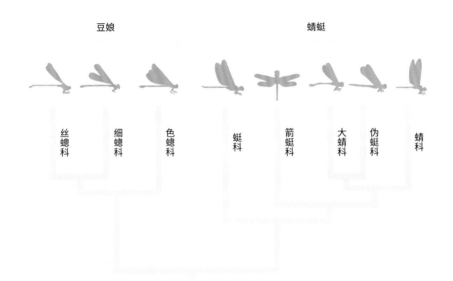

丝蟌科　细蟌科　色蟌科　　　蜓科　箭蜓科　大蜻科　伪蜻科　蜻科

🅰 昆虫纲蜻蜓目的进化树，其包含两个主要的类群：蜻蜓和豆娘，二者拥有共同的祖先，每个子群又被划分为若干个科。该进化树列举了其中的部分科

　　生物分类学是一个有难度的学科。真正的自然界并不像我们所认为的那样井然有序，分类学家之间经常发生分歧，因此，为了制定一套可行的分类系统，争执双方不得不做出一定的让步。

　　传统上来说，一个目可以被分成一个或多个科，且每个科的成员都有相似的特征。比如蜻蜓目约有 30 个科，包括蜓科（体型大，身体两侧边缘平行，飞行迅速）、珈蟌科（宽翅豆娘：雄性体型大，且翅膀上长有彩色斑点）和丝蟌科（展翅豆娘：翅膀通常具有金属色光芒，停息时翅常展开，远离身体）。每个科包含一到若干个属，每个属物种的共同特征范围更小些。比如伟蜓属、晏蜓属同属于蜓科，但两者稚虫的头部形状截然不同。每个属的分类阶元下有一个或多个独立的物种。

　　生物命名系统根据物种间的亲缘关系，以及它们在进化史上的共同祖先，来对昆虫进行分类。不过，进化是一个漫长且循序渐进的过程，与其将它比作繁杂的文件夹，不如将其想象成一棵长满枝丫的大树。为了实现分类，我们可以引入一些辅助的过渡分类阶元，比如亚目、超科、亚属、超种等。但是，现今的许多生物学家更偏向于另一种分类方法——支序分类法。这一方法将进化树上每个分支的所有相关后代都划到一个组内，无论这个组内包含数千种物种（属或科），还是少数物种，它都属于一个分支。支序分类学的关键是一个分支包含共同的祖先和所有的后代，没有一个后代是由不同的祖先演化而来的。

物种学名

即使是最基本的分类阶元——物种，也不能被轻松地定义，但一般来说，来自一个物种的所有成员都可以区分出来，因为它们看起来基本一样，而且能够相互交配，但不会与其他物种交配。在生物学上，我们规定物种的学名用两个拉丁文单词来表示，比如我们人类叫作 *Homo sapiens*（智人），蜜蜂叫作 *Apis mellifera*（意大利蜜蜂）等。昆虫在各地的俗名多种多样，甚至只有口头称呼，但每个物种的学名是独一无二的，并在所有国家适用。

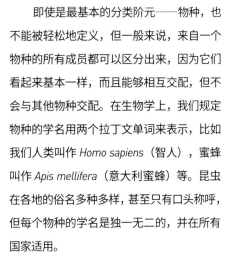

ⓒ ⓥ 峻伟蜓（*Anax junius*，左图）和帝王伟蜓（*Anax imperator*，下图）生活在大西洋两岸，但它们相似的外表表明二者关系密切，这一点在学名上也体现出来了

石炭纪：巨虫时代

2.99 亿～ 3.59 亿年前的石炭纪，见证了陆生生命的繁荣。当时，地球上出现了第一片广袤的森林，为地球创造了多样化的栖息环境和含氧量更丰富的大气层。

在史前时期，地球的温度、降水量和整体气候都处在波动中。在石炭纪早期，全球年均气温上升至 20℃（而现今的年均气温是 15℃），海平面降低，更多的陆地显露出来，此时的降水量也很充足。于是，陆生植物大量繁殖，并通过光合作用向大气中释放大量的氧气，石炭纪时地球大气中的含氧量高达 35%，而现今的空气含氧量只有 21%。这时，陆地脊椎动物刚刚开始出现，而许多无脊椎动物已经在这温暖潮湿、沼泽遍布的热带雨林中繁衍生息了。

昆虫呼吸系统

昆虫和其他一些陆生节肢动物通过被称为"气管"的分支气管系统获取氧气（详见第 90～91 页）。空气中的含氧量越高，昆虫的气管就越能将氧气运输或扩散至身体的更深处。因此，昆虫的体型大小受这一环境因素的制约。而在高含氧量的石炭纪，昆虫的体型可能超过今天所见到的昆虫，甚至出现了许多巨型昆虫。

石炭纪出现的最大的昆虫是现今蜻蜓目的近亲，叫作"巨差翅目"。其中，

▶ 节胸蜈蚣属物种是石炭纪的马陆，其中一些种类的体长可以轻松突破 2 米

Meganeura 和 *Megatypus* 这两个属拥有有史以来最大的无脊椎飞行动物，它们的翼展可达 70 厘米，和一只乌鸦的翼展差不多。与现代蜻蜓相似的是，它们也是凶猛强劲的空中掠食者，长着尖锐的下颚和强壮的足，可以在空中捕捉猎物。

其他巨虫

　　在巨差翅目物种的猎物中，可能有体型较大的古网翅目飞行昆虫，其翼展超过 50 厘米，这些看起来有点像巨型蜉蝣的昆虫在 2.5 亿年前就灭绝了。与巨差翅目物种不同，古网翅目昆虫拥有细长、尖锐的口器，可能会吸食植物的汁液，这和现在的蝽（半翅目）食性

🔼 石炭纪生境重塑图。其中包含一只乌鸦大小的巨差翅目巨脉蜻蜓和一只节胸蜈蚣属马陆

相似。但是，可能也有一些种类会吸食动物的血或其他分泌物。古网翅目昆虫在第一对翅膀前的前胸上长有一对额外的小翅，因此也被称为"六翅昆虫"。石炭纪的其他巨虫还包括可以与现今最大的蜉蝣媲美的巨型蟑螂。

　　石炭纪的气候在持续发生变化，慢慢变得寒冷而干燥。在 3 亿～3.05 亿年前，一场被称为"石炭纪雨林崩溃"（CRC）的事件的发生使得树木和其他植物骤减，大气含氧量也随之减少。巨型昆虫和其他大型无脊椎动物的时代落下帷幕。

年轻的演化事件

　　尽管一些昆虫类群与它们的石炭纪祖先相比几乎没有发生变化，但它们的适应性进化从未停止。昆虫可以在相对较短的时间内适应环境的变化、抓住新机遇。

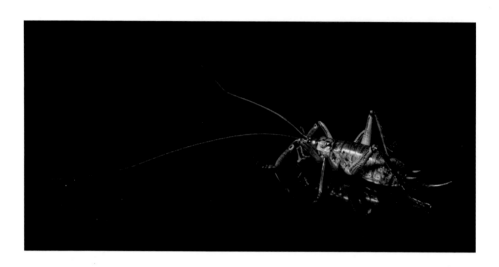

ⵜ 沙螽（沙螽科和驼螽科）是蝗虫和蟋蟀的亲戚，罕见，不会飞，目前仅发现于新西兰

　　正如我们所知，大多数现代昆虫最早出现在二叠纪。6000万年前，地球就生存着许多现代昆虫的近亲。来自侏罗纪的蚊子琥珀虽然不是恐龙复活的关键，但它们很可能通过传播疟疾，在巨型爬行动物的灭绝中发挥了作用，正如对现代脊椎动物所做的。

　　自二叠纪开始的近3亿年来，由于板块运动，地球的陆地结构发生了巨大的变化。这些变化影响了全球温度、海平面高度和降水量，进而影响了植物的分布和丰富度。在1亿年前，泛大陆拆分成7个大陆，大陆间的海洋成为昆虫物种扩散的障碍。如今，虽然在所有温带至热带的陆地上都能找到许多昆虫群体，但大多数物种都局限在小范围区域内。

　　新的栖息地带来了特定的进化机遇。比如，一种蚊子的新亚种出现在人造环境，尤其是在伦敦地铁上，它们以上班族的血液为食。

食性的专化

　　像蜻蜓这样的捕食性昆虫能够捕获任何它们感兴趣的猎物，但取食植物、

跳蚤在昆虫进化史中出现的时间相对较晚，且与它们的脊椎动物寄主协同进化

花蜜的昆虫和寄生昆虫的食谱范围通常较小。食性专一是进化的关键驱动力。例如，被特定的蛾类取食的植物可能会逐渐进化出抵御蛾类幼虫食叶的物理或化学防御能力，比如进化出叶刺或者在细胞内储存有毒化合物。随着时间的推移，蛾类幼虫也许会进化出特定的防御力，比如进化出更坚硬的口器抵御叶刺或者抗毒性。最终，蛾类幼虫只能取食特定的植物，因为它们的适应能力使它们无法做到多食性。

寄生昆虫也是如此，它们在生命周期内依赖一个活的动物寄主。例如，许多黄蜂将被刺后麻痹的猎物投喂给它们的幼虫。还有跳蚤和虱蝇，它们的一生都在寄主的身体上度过，以吸食寄主血液或取食寄主的身体组织为生。

食性的专化也体现在开花植物和传粉昆虫上。花朵进化出特定的颜色（包括紫外线光谱）和结构来吸引专门的访花昆虫。

大多数鳞翅目成虫（蝴蝶和飞蛾）以花蜜为食

昆虫在地球上的分布

如今，即使所有野生动物都面临着多重威胁，但昆虫在地球上的数量还是非常惊人！

据估计，地球上大约有 10^{18} 种昆虫，其中包含大约 90 万种已知物种，而我们尚未发现的物种仍有很多，保守估计约有 225 000 种。但大多数权威人士认为，未被描述的昆虫种类可能接近 400 万种，甚至有专家估计，这一数字可能高达 3000 万。

昆虫的丰富度（物种和种群）与植物的丰富度和多样性密切相关。许多以植物为食的昆虫是寡食性昆虫，即只吃一种或几种植物。因此，植被繁茂、植物种类丰富的地区生存着更多种类的植食性昆虫。同时，这些植食性昆虫将成为肉食性昆虫和腐食性昆虫以及其他动物的食物。然而，在农耕地区，尽管绿色的农作物十分繁茂，但植物种类单一，只能供给食性专一的部分昆虫（在农作物还没有经过杀虫剂处理的情况下）。

植物多样性最高（同时也是昆虫多样性最高）的地区在热带地区，靠近赤道，并且集中在森林最茂密的区域。然而，与人口密集的温带地区相比，人们对热带地区的研究相对较少。巴西所有被描述的昆虫种类占全球总数的 9%，印度大约有 6%。不过，这

▽ 本图拍摄于云南普洱。中国是世界上唯一跨越两大动物地理区系（古北区和东洋区）的国家，中国已知的昆虫种类在 80 000 种左右，而未知的种类会超过这个数字

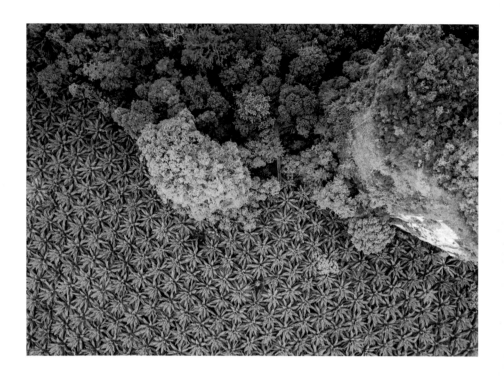

些国家的昆虫物种数可能被极大地低估了。美国已知的昆虫种类约有 91 000 种，约占全球总数的 10%。由于生物学家对美国栖息地的研究较多，因此美国未知新物种的数量可能少得多。英国大约有 24 000 种已被描述的昆虫物种。澳大利亚大约有 75 000 种已定名的物种，不过该国可能有 100 000 种未被描述的昆虫物种。

极地"勇者"

总的来说，陆地上的生物多样性在赤道地区最高，并向两极地区逐渐下降，许多种群在极地完全找不到踪影（这里不否认极地地区仍然生存着大量的动物）。作为陆生变温动物，大多数昆虫在极地地区是极其罕见的，只有那些适应力极强的物种才能度过极地漫长而寒冷的冬天，并在淡水稀缺的环境中生存。例如，南极贝摇蚊（Belgica antarctica）是一种不会飞的贝摇蚊，对严寒具有高度的适应性，是唯一原产自南极大陆的昆虫。

在地球的另一端——北极，北极草毒蛾（Gynaephora groenlandica）生活在北极高纬度地区，它一生的大部分时间处于不活跃的幼虫阶段，在 –70℃时呈僵硬的冬眠状态。

环境指示物

如今，地球的自然环境面临着较大的威胁，找到生态系统恶化的原因十分重要。在这方面，昆虫常常被当作环境指示物。

人们可以通过调查生活在某栖息地的动物来了解该地区生态系统的健康状态，比如，哪些动物"应该"生活在这里却没有出现。有的昆虫对退化的栖息地具有高度的耐受性，或者说它们已经适应了资源贫瘠的栖息地。但是有的昆虫对栖息地破坏、污染物以及其他有害物质具有高敏感度，因此当它们的数量下降时，便能成为生态系统变化的早期预警。如果这些现象得到重视，将有助于遏制环境的进一步恶化及生物多样性的减少。

河道很容易遭遇被污染的风险，被污染的河道会影响生活在其中的昆虫，比如石蝇、蜉蝣和石蛾的幼体，对水体污染十分敏感。在英国的"河流飞虫监测方案"中，业余志愿者（包括垂钓者）和生物学家在若干条河流中进行昆虫幼体数量监测。工作人员可以使用专业的池塘浸泡设备来寻找幼体，同时提交他们观测到的昆虫成体记录。

许多毒素和污染物可以在食物链中不断积累。DDT 就是一个可怕的案例，它是一种曾被广泛应用的针对以庄稼为食的昆虫的杀虫剂。DDT 逐渐在昆虫和以昆虫为食的动物

⌄ 尽管有些昆虫对污染的水体有很强的耐受性，但河道的污染仍会影响许多昆虫

体内累积，最终导致北欧和北美的许多鸟类急剧减少。如今，在工业地区，昆虫经常作为检测重金属等有毒物质浓度的指示生物。生物学家捕捉特定的昆虫，并检查它们的身体组织，寻找目标污染物的踪迹。

气候变化

　　昆虫地理分布的改变，以及生命周期规律的变化，为气候变化提供了连续的证据。在西欧，大量蜻蜓和豆娘的栖息地在过去的几十年里不断向北迁移。这对其他物种也有影响，例如，向北迁移的晏蜓（Aeshna mixta）也让天敌小型隼类向北扩散。晏蜓在初秋大量飞行，而这正是隼类雏鸟开始猎食的时候。

(∧)　曾经很少迁徙至英国的晏蜓，已经迅速向北扩散。这影响了与该蜻蜓有生态联系的野生动物的分布

(∨)　研究野生动物分布的变化，需要定期从同一研究区域采集样本

2

昆虫的身体

分节的身体和附肢，使节肢动物有别于其他无脊椎动物。就昆虫而言，这种基本的身体结构已经经历了多样化的改变，使昆虫能够适应不同的生活方式，并因此进化出更多不同的昆虫物种。

- 外骨骼
- 身体的三部分
- 分节与附肢
- 足的结构
- 翅膀和鞘翅
- 身体的特化

▷ 昆虫的体型千差万别，但通常由三个主要部分组成——头部、胸部（附着足和翅膀）和腹部

外骨骼

昆虫成体的身体由外骨骼支撑和保护，不管外骨骼面积大或小，它都可以让昆虫免受外界环境的伤害，并防止虫体水分流失。

脊椎动物的身体支撑系统来自体内的骨骼，即内骨骼，而昆虫依靠外骨骼从体表提供支撑，但是在一定程度上限制了身体的灵活度。尽管昆虫外骨骼的组成成分是刚性的，但节与节之间的"关节"允许昆虫移动身体的各个部分，在某些情况下甚至能自由活动。未成熟的昆虫蜕皮时，外骨骼会在若干"关节"处断裂，从而使昆虫得以生长。

昆虫外骨骼的表层叫作"表皮"，这是一种高效的多功能外壳，本身具有必要的强度，用来抵抗外界带来的破坏，并防止脱水。表皮通常有两层——能防水的上表皮（外蜡质层）和原表皮（内层）。原表皮由一种柔软、有弹性的几丁质构成。在原表皮下面是真皮，这是一层形成表皮的细胞层。

某些昆虫（特别是生活在潮湿环境中的昆虫）的部分身体或整个体表被单层、柔软的原表皮覆盖。不过，在大多数昆虫成体的外骨骼中，至少部分原表皮发育出坚硬的外表皮，外表皮富含坚韧的蛋白质。外表皮的发育被称为"硬化"。在昆虫的身体中硬化程度高的部位包括一些甲虫的"盔甲"和蜻蜓的口器。大多数昆虫都拥有一个硬化良好的头甲，以包住头部的所有部分。当昆虫幼虫蜕皮时，头甲会整体脱落下来。

④ 锹甲幼虫的身体被一层柔软的表皮覆盖，因为它们生活在腐烂的木头下。成虫则有一层硬化的表皮

表皮

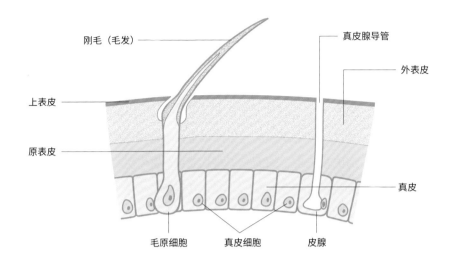

刚毛（毛发）
真皮腺导管
外表皮
上表皮
原表皮
真皮
毛原细胞　真皮细胞　皮腺

毛发和鳞片

　　许多昆虫身上都有毛，甚至整个身体都是毛茸茸的。毛发或刚毛都是由表皮内的毛原细胞形成的，并突破表皮向外生长。刚毛的功能因物种而异，总的来说具有保护、伪装、保温、储存（蜜蜂后足的花粉篮是由刚毛丛形成的）的作用。有些昆虫的刚毛甚至可以用来自卫：一些蛾类幼虫的刚毛含有毒素，可以刺激潜在捕食者的体表或口器。

　　石蛾、蝴蝶和飞蛾的刚毛进化成宽大的板状鳞片。飞蛾和蝴蝶的身体覆盖着鳞片，其中翅膀最为明显。鳞片具有保护和吸热的作用，而许多鳞翅目成虫鳞片的微观结构能够干扰光波，产生五彩缤纷的颜色。鳞翅目昆虫的鳞片容易脱落，但鳞片下的膜翅仍然可以飞行。

ⓐ 昆虫的表皮结构。并不是所有的昆虫都拥有这样的结构

ⓥ 大多数昆虫至少在身体的某些区域长有浓密的毛发或刚毛

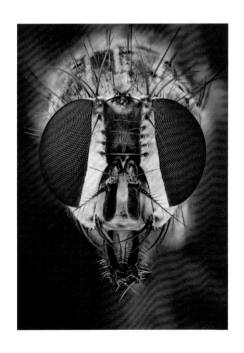

身体的三部分

关于昆虫的身体，我们首先了解到的，除了长着六条足，它们的身体分成三部分：头部、胸部和腹部。

仔细观察胡蜂或蚂蚁，可以明显区分出它们的头部、胸部和腹部，因为这三个部分的连接处明显变窄，犹如分段。而在其他昆虫类群中，这种区分方式并不典型，但在镜检时能看出来。

和几乎所有自由生活的动物一样，昆虫身体前端有主要的感觉和摄食器官，可以获取周围事物的信息（如果是食物，就把它吃掉）。头部通常有一对明显的复眼、一对触角以及一组口器。在不同种类的昆虫中，口器的结构和功能差异很大。在少数情况下，成虫没有功能性的口器，它们在短暂的生命中从不进食。触角和口器都是由单枝型附肢进化而来，它们在头部体节上呈对称分布，并且像足一样分节。

昆虫的胸部由三个体节组成，从前到后分别是前胸、中胸和后胸。每一节分别着生一对足（尽管在某些动物中，一对或更多的足可能是原始的象征），用于行走、奔跑、游泳、跳跃或休憩。有翅昆虫的胸部还长有翅膀，前翅位于中胸上，后翅位于后胸上。胸部节段还有驱动翅膀的肌肉组织。

通常，腹部的各个体节没有附肢，但体节分区明显，甚至长有对比鲜明的

⬤ 所有昆虫的身体均可以分为头部、胸部和腹部，胡蜂和其他膜翅目昆虫的身体分区十分明显

腹部

胸部

头部

ⓐ 蠼螋腹部最后一节的成对附肢特化成发达的尾铗

ⓐ 豆娘拥有细长的腹部，盒状的胸部上具有四片宽大的翅膀和六条足

ⓐ 石蝇在休息时，翅膀平整地覆盖着腹部

ⓐ 成年蜉蝣的口器退化，因此其头部小且结构相对简单

色斑。一些昆虫的腹部有 11 或 12 个体节，但物种间差异较大，较晚出现的昆虫的腹部体节更少。一些昆虫的生殖器官可能有部分外露，位于腹部末端附近，最后一节会有一对附肢（尾须）。有些昆虫的尾须十分发达（例如蠼螋的"钳子"），且通常用于交配，比如雄性蜻蜓的尾须特化成肛附器，它会在交配前用肛附器控制住雌性蜻蜓。

体节的连接

昆虫连接头部和颈部的结构是膜状的，长有控制头部运动的肌肉。许多昆虫的头部可以自由活动。昆虫胸部和腹部的连接处不太灵活，因为第一个腹节（并胸腹节）与后胸融合。一些昆虫，如胡蜂，纤细的"腰"是由并胸腹节后段狭窄的部分形成的，这使得昆虫的胸部和腹部连接处的活动范围更大。

节与附肢

　　所有节肢动物的身体都是由多个重复的体节组成，且体节从前到后依次串联在一起。这在毛毛虫身上十分明显，但在蝴蝶成体身上就不那么明显了。

　　最原始的节肢动物的身体由一系列重复的、几乎相同的体节组成，且每个体节上都有一对附肢。有些节肢动物的附肢是双枝型的（即分成两枝）。在这些类群中，双枝型附肢能够行使运动足和呼吸鳃的双重功能。甲壳动物就有双枝型附肢，如小龙虾。但是，昆虫的附肢没有充当鳃的分枝，因此被称为单枝型附肢。

　　很少有昆虫在成虫时期表现出由重复的、外观相似的体节组成的连续的身体结构。相反，大多数物种的体节（如果明显的话）被划分到不同的身体部

位，且体节的形状会根据其功能及所处的部位而有所不同。昆虫的头部最初由5～7个体节组成，但因为这些体节融合成一个连续的头甲，所以在昆虫成体上很难将其区分开。

　　昆虫的腹部没有附肢，胸部和头部均有附肢，而且是单枝型附肢。胸部的附肢起到运动足的作用，头部的附肢则形成摄食和感觉器官。

　　昆虫的足和身体一样也是分节的，且节与节之间也有"关节"。每条足均由五节组成：基节（第一节，与身体相连，通常较短小）、转节（第二节，较

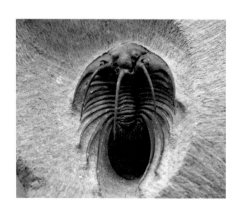

（∧） 三叶虫中的 *Kolihapeltis* 属以头部突出的长刺而出名

（∧） 节肢动物门螯肢亚门的 *Stylonurus* 属。螯肢亚门身体和附肢的分节相对简单，成员包括蜘蛛和蝎子

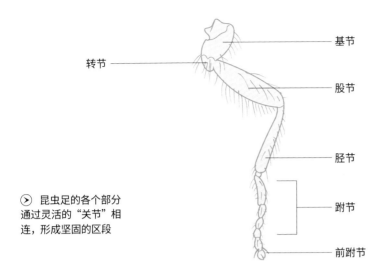

基节

转节

股节

胫节

跗节

前跗节

⊙ 昆虫足的各个部分通过灵活的"关节"相连，形成坚固的区段

短小，具有类似脊椎动物髋关节的功能）、股节（第三节，通常最宽大）、胫节（第四节，通常最细长，与股节之间以一种灵活的、类似膝关节的"关节"相连）以及跗节（由若干小节组成，具有一定的灵活性）。跗节的最末一节——前跗节上支撑着爪。

内部区块化

昆虫的内部解剖结构也表现出一些重复体节的特征，比如神经系统、循环系统和呼吸系统等。这种重复排列且各自具有一定自主性的结构，有时被描述为"区块化"。

⊙ 许多毛毛虫的身体分节明显，胸部的三对真足也是分节的

⊙ 较晚进化而来的昆虫成体，比如这只青蜂，体节大小不均，尤其是头部和胸部看起来像由单一结构构成

足的结构

昆虫的足不仅具有移动的功能，还能用来捕获猎物、控制配偶、梳理毛发和社交炫耀等。但不管足的功能为何，它们的基本结构都是一样的。

⊙ 螳螂用其长且带锯齿的前足捕获猎物

正如我们所看到的，昆虫的足是分节的，各自分为五个节。除了跗节是由若干小节串联而成，每一节都由一段单独的部分组成。昆虫足的五节通过柔韧的"关节"连接在一起，足的"外壳"和身体的外骨骼成分相同，均为覆盖在真皮上的表皮。足上通常长有浓密的刚毛。潜水甲虫和潜水蝽的跗节上有浓密的长毛，就像游泳用的"鳍肢"；而蜻蜓和豆娘的前足上有一排排又长又硬的刚毛，形成一个"网"，在飞行时协助捕猎。

跗节的末端——前跗节通常有一个或两个小的钩状爪，帮助昆虫在行走或休息时抓握或固定。前跗节可能还有毛茸茸的爪垫或爪叶，提高其在平地上的抓地力。

除了基本的步行足结构，昆虫的足还有其他形态。例如，螳螂的前足（捕捉足）长有锋利的刺和锯齿，可以刺穿猎物。穴居或生活于土壤中的昆虫，如蝼蛄或金龟子，它们的胫节或跗节形态扁平，长有坚硬的突起，方便挖土。

足的类型

研究昆虫足的相对大小和形态，能够帮助我们了解昆虫的生活习性。长而

ⓐ 蝼蛄利用宽大、带爪的前足挖掘松软的土地

ⓐ 马陆及其他多足虫和昆虫一样均属于节肢动物。但前者的身体结构更简单，足也更多

ⓐ 大多数甲虫都能飞，但它们拥有强壮、灵活的六足，使其更偏爱行走

ⓐ 工蚁没有翅膀，但大长腿让它们能够轻松地爬上树，跑得也很快

粗壮的足表明昆虫跑得快，而纤细的足表明昆虫更善于停靠或攀爬。善于跳跃的昆虫通常有更长的后足（跳跃足），后足上异常发达的股节为跳跃提供动力。善于挖掘的昆虫有粗壮的前足（挖掘足）。善于捕猎的昆虫通常有更大、更长的前足（捕捉足）。善于游泳的昆虫可能有一对或多对特殊的鳍状（或桨状）游泳足。

ⓐ 竹节虫用细长的足爬过植物叶片

翅膀和鞘翅

　　大多数昆虫成虫都有翅膀，能够飞上天空。昆虫翅膀的结构通常非常漂亮，在显微镜下观察，可能更觉美丽。

　　飞行让昆虫能够在地球上环境最恶劣的地方繁衍生息。有些昆虫成体几乎一生都在飞行，其飞行效率和灵活性都很高；而有些昆虫的翅膀很脆弱，只在遇到威胁或危险时用来紧急逃生。尽管昆虫翅膀的类型多样，但所有有翅昆虫都被认为起源于一个共同的祖先，它们的翅膀具有许多共同点。

　　大多数昆虫拥有两对透明的翅膀，翅膀由一层薄膜构成，其上遍布分支状的翅脉。有的翅脉可能几乎看不到，有的翅脉色深而突出。很多昆虫翅膀的前缘长有一条非常长而粗壮的翅脉——前缘脉。当昆虫翅膀发生较大的破损时，只要前缘脉完好，昆虫就依然能够飞行。在区分一些十分相似的昆虫时，脉序的结构能够提供重要的分类依据。

⤵ 瓢虫和其他甲虫将后翅折叠隐藏在鞘翅下。当它们想要飞行时，需要张开鞘翅，展开后翅

⌄ 雄性火眼蝶前翅上的黑色斑点是由发香鳞形成的。这是一种能产生特殊气味的鳞片

⌄ 蝴蝶利用翅膀调节体温: 张开翅膀可以取暖, 收拢翅膀则防止寒冷或过热

有些昆虫的后翅比前翅小得多, 比如蜜蜂、胡蜂和蜉蝣。蝗虫的前翅又长又窄, 质地厚实坚韧。大多数昆虫在休息时, 前翅保护较短且宽的后翅。双翅目昆虫的后翅特化成棒状。

石蛾的翅膀上有浓密的刚毛, 而蝴蝶和飞蛾的翅膀上分布着层层叠叠的鳞片。在某些雄性鳞翅目昆虫的翅膀上分布着特殊的发香鳞, 在寻求配偶时, 雄虫翅膀上特定的香味可以吸引雌性。一些膜翅目昆虫的翅膀上长有色斑形成的图案, 这些图案可能在昆虫拍打翅膀求偶时起到炫耀的作用。

鞘翅

鞘翅是甲虫特有的前翅类型。鞘翅高度硬化且厚实, 保护着折叠在下面的后翅和腹部。当甲虫飞行时, 鞘翅张开, 后翅展开。鞘翅在飞行过程中始终保持在特定的位置。蝽类拥有部分硬化的前翅, 称为半翅。

鞘翅在昆虫飞行时确实提供了一些升力, 但其主要作用是提供保护。甲虫比大多数四翼昆虫笨拙得多, 飞行效率也不高。然而, 坚固的鞘翅使其能够挖地道, 在带刺的植被中穿行, 并能够在较为危险的环境中生存下来。甲虫的鞘翅色彩也极为丰富: 混合的暗色调、明亮的警示图案或鲜艳的彩虹色。艳丽的鞘翅可能拥有多种功能, 包括伪装和警戒。

身体的特化

尽管所有成虫的身体都有三个部分，长有六条足，还有外骨骼支撑身体，但不同类群的昆虫在身体形态上也有一些显著的变化。

世界上长相最怪异的昆虫是犀金龟（金龟甲总科），雄性犀金龟的头部和胸部有大而坚硬的角，它们用角搏斗以争夺雌性。在南美洲和中美洲发现的巨大的长戟大兜虫（*Dynastes hercules*），其胸角可能比身体的其他部分都长，甚至延伸得比颚部都长。马达加斯加的雄性长颈鹿象鼻虫（*Trachelophorus giraffa*）有夸张的结构用来战斗：一个由细长的头部和胸部组成的像长颈鹿一样的"脖子"。

Ⓐ 枯叶蛱蝶属的蝴蝶在休息时合拢翅膀，像极了枯叶

Ⓥ 叶竹节虫科的叶䗛已经进化成令人惊叹的树叶模仿者

⌃ 雄性犀金龟用它们的"角"与其他雄性搏斗和挖掘

伪装是驱动昆虫身体特化的因素之一，比如身体和足的表皮呈扁平状延伸的叶子虫（叶䗛科物种）和兰花螳螂（*Hymenopus coronatus*）。兰花螳螂是一种南亚物种，是世界上具有花瓣状外观的几种螳螂之一。生活在加里曼丹岛的陈氏竹节虫（*Phobaeticus chani*）是世界上最长的昆虫之一，长可达56厘米，是一种身体和足都十分细长的树枝模仿者。

隐翅虫（隐翅虫科）的鞘翅很短，使得相对较长的腹部完全暴露在外，但也让这些生活在地面的甲虫身体更灵活，能够在狭小的空间里蠕动。大多数昆虫都具备正常尺寸的翅膀，可以飞行，不过有些甲虫的鞘翅是融合在一起的。

腺体外翻

昆虫的某些身体结构通常是缩进体内的，但也可以翻转出来（外翻），露于体外。这些结构通常会向大气中释放化学挥发性物质，如吸引配偶的信息素，或者抵御捕食者的驱避物质。最惊艳的例子是一种分布在亚洲和澳大利亚的黑条灰灯蛾（*Creatonotos gangis*），这种昆虫的雄性拥有一对非常大且分叉的腺体——发香器，上面覆盖着长而细的腺毛。当发香器从腹部末端向外翻转出来时，可以释放出一种浓重的信息素来吸引雌性。发香器的大小取决于其幼虫期的食量，有时候可能比黑条灰灯蛾的身体还要长。

昆虫的颜色

许多昆虫，从甲虫到蜜蜂，从蜻蜓到斑虻，身上都有令人眼花缭乱的颜色，其作用可能是引诱、伪装或警告。

太阳光包含了我们所能看到的所有波长的光。当日光照射到玻璃棱镜时，会产生光的折射（光束弯曲和分离），我们就能看到彩虹般多彩的颜色。光线所照射的材料不同，折射后析出的颜色就不同。

在自然界中，颜色的产生有两种方式。第一种是化学色（色素沉着）：生物体细胞内的分子吸收特定波长的光并反射其他波长的光，反射的光就是我们看到的颜色。第二种是结构色：昆虫体表的纳米级组织结构，使入射光发生弯曲或散射，从而产生各种颜色。此时，视角不同，我们看到的颜色也会发生变化。这就是所谓的彩虹色，最常见的是蓝色、绿色和紫色色调。

我们在许多昆虫身上看到的颜色是化学色和结构色的综合。彩虹色蝴蝶的颜色来自其翅膀上不同形状的鳞片，彩虹色甲虫的体表有能改变光线方向的脊突；而两者都靠底层的色素细胞增强色彩效果。一些蜻蜓种类的身体颜色较深，但它们的表皮会生出厚厚的蜡质层（蜡粉），再借助光的散射产生淡蓝色的光泽。

在昆虫身上发现的色素有黑色素（导致深棕色或灰色）、类胡萝卜素（导致红色、橙色或黄色）等。有些色素在体内合成，而有些色素则来自昆虫所摄入的食物，在这种情况中，昆虫幼体所吃的食物可能为以后的成体提供了色素的累积。

为了方便伪装，许多昆虫身体的颜色都很单调，但在一些特定的环境下，体表呈明亮色甚至彩虹色反而是很好的伪装。蝴蝶能够合拢翅膀，从而完全隐藏翅膀的正面。因此许多蝴蝶翅膀的反面是良好的保护色，可以用来伪装自己，而翅膀正面鲜艳夺目，可以用来吸引异性。

紫外光和红光

人眼看不见紫外光，但许多昆虫能看到，这意味着昆虫熟悉的一些颜色和

⟳ 昆虫界中的自然色彩。从左上角顺时针依次是：大白斑蝶、黑脉金斑蝶、七星瓢虫、苍白的毒蛾幼虫、熊蜂（腹部末端浅黄色）、花金龟、吉丁虫（体被色带）、狩猎蜻蜓

标记，人类根本看不见，但它们彼此是可见的。相比之下，大多数昆虫都看不到红光，但红色这一来自类胡萝卜素的颜色仍然存在于许多昆虫中，而且通常作为警告色。事实上，瓢虫红色的鞘翅是想让猎食性鸟类看到并认为这样的昆虫有毒，或者味道很差。如果一只鸟吃了一只亮红色的虫子，它就会记住因此产生的不良体验，将来避开类似颜色的昆虫。

3

感觉与神经系统

昆虫和人类一样，也会受到外界的刺激，但它们的感觉和神经系统的工作方式与人类差别很大。从眼睛的多面结构到足上的味蕾，再到全身的"大脑"，昆虫对世界的体验和反应方式与我们完全不同。

- 眼睛
- 触角
- 化学感觉
- 听觉、触觉和其他感官
- 大脑、神经节与神经
- 昆虫的智力

▷ 黄蜂大而突出的复眼和触角为它感知周边环境提供了持续的感官信息

眼睛

昆虫的复眼结构与人类的眼睛有很大的不同，一些昆虫复眼的大小和复杂性让我们毫无疑问地断定它们具有非凡的视力。

白天喜欢在户外飞行的动物，比如许多成年昆虫，需要发育良好、反应迅速的视觉来为其导航。这在蜻蜓身上表现得最为极致，它们不仅需要躲避障碍物和更大的捕食者，还要具备高速追赶和捕捉其他飞虫的能力。这些昆虫拥有一双巨大、呈弧形的眼睛，几乎包围整个头部。以花为食的蜜蜂和食蚜蝇也有非常大的眼睛。

成年昆虫的主要视觉器官是复眼。在显微镜下，复眼表面是无数紧密排列的六边形，一个六边形就是一个小眼面，是独立的感光结构。一只大蜻蜓每

⊙ 蜻蜓的复眼几乎包裹住整个头部，使其拥有近乎360°的视野

只复眼大约有 30 000 个小眼。小眼的深度大约是宽的 10 倍。从表面到基底处，小眼越变越窄。

每个小眼的顶部有一个角膜和一个晶体锥，充当聚焦透镜，将光线引导到横纹肌。横纹肌是小眼中心的一个狭长透明的结构，它含有能对特定波长的光产生反应的感光色素。横纹肌通常由 8 个特化的神经细胞——光感受器组成。当横纹肌的色素在光照下发生化学变化时，这些细胞就会向大脑发送神经脉冲。

小眼还有 6 个色素细胞，它们吸收间接照射到角膜上的光线，这确保了光感受器只接收直接通过角膜的光。昆虫不能移动眼睛追随兴趣点，但色素细胞为其提供了另一种对焦方法。

研究发现，复眼"看到"的是一系列彩色斑点（在某些情况下，包括紫外线的"颜色"）组成的场景，每个斑点由单个小眼提供。蜻蜓能看到足够多的斑点，从而形成一幅分辨率较高的图像。但小眼较少的昆虫，接收到的合成图像的细节就比较粗糙。

单眼

除了复眼，许多成年昆虫还有单眼这样的次级视觉结构。单眼是大多数昆虫幼虫唯一的视觉器官。在蜜蜂和胡蜂

这只灰地蜂的单眼位于两个大复眼之间的头顶中央，像有光泽的小珠子

的头部，复眼之间有 3 个小而闪亮的单眼。

单眼由一个角膜和一层感光细胞组成，但与复眼不同的是，这些细胞只感知光线的明暗，而不能感知具体的颜色。昆虫在快速飞行时，单眼起到保持其空中稳定性的重要作用。

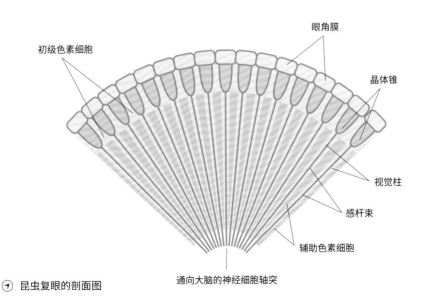

昆虫复眼的剖面图

初级色素细胞 眼角膜 晶体锥 视觉柱 感杆束 辅助色素细胞 通向大脑的神经细胞轴突

触角

成对的触角或触须是昆虫除复眼外最明显的感觉器官。它们在形态和功能上都是高度多样化的。

触角是昆虫头部第二节发育而来的附肢。和足一样，触角也是分节的，所以灵活度较高。当天牛爬上花朵时，它会不断摆动触角，这表明它正主动利用触角来收集周围环境的信息。

每根触角包含三个主要部分。基部是柄节，很小，位于从头壳突出的触角窝内。这种连接方式具有弹性和灵活性，允许触角独立运动。第二部分是梗节，通常比较长，通过转轴连接到端部的鞭节。第三部分是鞭节，鞭节通常由若干小节或鞭小节组成。鞭小节中含有气味探测细胞，它们之间的"关节"使触角的端部能够灵活移动，从而准确地找到气味来源。梗节包含一束感觉细胞（如江氏器），能对鞭节的不自觉运动做出反应。梗节还可以作为一个听觉器官，感知声音在空气中产生的振动，它还可以帮助昆虫在空中盘旋时保持稳定。

触角的形状很多样：线状、棒状、羽状、锯齿状和鳃叶状等。有些雄性飞蛾的羽状触角非常发达，使它们能够感知空气中浓度极低的雌性信息素（并以惊人的速度对其做出反应）。

ⓐ 一些具有令人印象深刻的触角的昆虫（从上到下）："黑色舞者"石蛾、舞毒蛾、蓝丽天牛

（↖）触角间的直接接触是许多蝴蝶交配的前兆

（↙）雄性仙女长角蛾聚集在有阳光照射的植物上，进行短暂的展示飞行以吸引雌性，它们细长的端部发白的触角四处飘动，就好像在捕捉光线

社交信号

　　有的昆虫会用触角向其他昆虫传递信息。例如，当雄性仙女长角蛾（长角蛾科）跳求偶舞时，其细长且端部发白的触角会在空中抖动，十分引人注目；蚂蚁触角上分泌的某些化合物使它们能够识别遇到的个体是否来自同一个巢穴。

化学感觉

嗅觉和味觉都被归为化学感觉，因为它们都是我们自身的感觉细胞与外界特定化合物直接接触后产生的该化合物的感知。

虽然大多数昆虫没有布满味蕾的舌头，但它们对气味和味道非常敏感。如果没有感觉器官，它们就很难找到合适的食物、寻觅交配对象，也很难找到合适的地方冬眠或产卵。

化学感觉器官被称为感器。这些小结构位于表皮的外部，由一个或几个受体细胞和几个辅助细胞组成。辅助细胞能够湿润和保护受体细胞以及与受体细胞通信的神经末梢细胞。当一种特殊的化合物分子与受体细胞接触时，就会

与受体细胞细胞膜的特定部分结合，导致细胞内化学变化，进而刺激与受体细胞接触的神经细胞，向大脑发送神经脉冲。

触角是化学感觉器官的关键器官，对气味很敏感，可以感受到空气中挥发的化合物分子。在某些情况下，触角也可以"尝出"味道（通过与来源直接接触，可以品尝出相同种类的分子）。不过，大多数昆虫的味觉主要来自口器。另外，飞蛾、蝴蝶和苍蝇还可以通

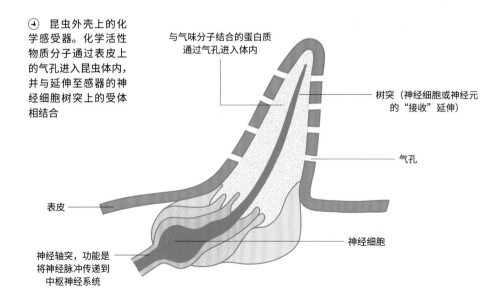

⊙ 昆虫外壳上的化学感受器。化学活性物质分子通过表皮上的气孔进入昆虫体内，并与延伸至感器的神经细胞树突上的受体相结合

与气味分子结合的蛋白质通过气孔进入体内

树突（神经细胞或神经元的"接收"延伸）

气孔

表皮

神经细胞

神经轴突，功能是将神经脉冲传递到中枢神经系统

> 雌性黑脉金斑蝶在产卵前，用足上的感器来评估树叶的适宜性

过足跗节上的感器来尝到味道；一些昆虫的产卵器（产卵管）上也有味觉感受器。准备产卵的雌性利用足上的感器或产卵器为下一代寻找合适的树叶或其他食物。昆虫幼虫的味觉也非常发达，幼虫寻找食物比成年虫更迫切、更重要，尤其是植食性昆虫幼虫，它们的食谱范围可能非常窄。

筛选

因为在空气和各种基质中有很多挥发性的化学分子，昆虫需要过滤掉所有它不感兴趣的分子。因此，它的化学感受器对分子类型具有高度特异性。然而，即使昆虫所有已知的化学感受器都被暂时阻断了，潜在的危险物质（如氨或强酸）也会触发所有昆虫的强烈回避反应。目前这种常见化学反应的途径尚不清楚。

在试图控制携带致命疾病的昆虫物种（例如疟疾流行地区的蚊子）时，研究昆虫对不同化学物质的行为反应是很重要的。

> 胡蜂拥有一种准确无误的感知和锁定甜味物质的能力

> 螳螂能够避免捕获有苦味的猎物

听觉、触觉和其他感官

视觉和化学感觉对大多数昆虫来说至关重要，但它们还有其他感觉器官，其中有的是人类没有的。

⊙ 工蚁通过触角及身体其他部位的化学感器和触觉感器来维持个体间的交流

由于昆虫对人类发出的声音完全没有反应，所以人们自然而然地认为昆虫没有听觉。然而，蝗虫、蟋蟀和蝉这些"吵闹"的昆虫显然是通过声音交流的。另外，有些昆虫能接收到人类的听觉系统接收不到的声波，例如，一些飞蛾可以"听到"蝙蝠捕猎时的回声定位声波。

昆虫的听觉器官叫作"鼓膜器"或"听器"。它包括一层鼓膜和内气囊，下面还有感觉细胞。声音在空气中产生压力波，使鼓膜振动。内气囊的空气因鼓膜震动而发生流动，进而触发感觉细胞。鼓膜器几乎遍布昆虫的身体。

昆虫通过类似于化学感器的感器感知触觉。触觉感器中的受体细胞能够对接触、运动和压力做出反应，它们分布在身体的各个部位。触觉感器通常以长而细的毛发形式存在，还包括拉伸感受器（比如感知何时该停止进食）和水压感受器（防止水生昆虫潜水太深）。

其他感官

有些昆虫对地球磁场和电场也很敏感。利用地磁场信息，蜜蜂可以在漫长而复杂的觅食飞行后直接"导航"回蜂巢。一只觅食的熊蜂通过翅膀的扇动产生一个小型电场，短暂地改变它所到达的每一朵花的电场。当另一只熊蜂过来时，它能感觉到花朵电场的改变，从而避开那朵花，因为它"知道"花蜜已经被采走了。昆虫如何感知磁场和电场仍然是人们争论和研究的焦点问题。

⊗ 熊蜂利用对电场的敏感性来决定访问的花朵

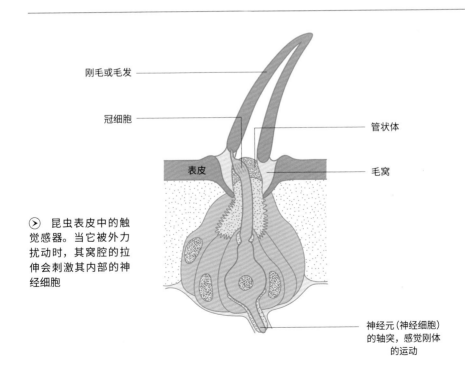

刚毛或毛发

冠细胞

管状体

表皮

毛窝

⊙ 昆虫表皮中的触觉感器。当它被外力扰动时，其窝腔的拉伸会刺激其内部的神经细胞

神经元（神经细胞）的轴突，感觉刚体的运动

大脑、神经节与神经

昆虫的感觉器官接收并处理外界信息后，它们才能做出适当的行为反应。这是昆虫中枢神经系统的工作。

昆虫的大脑就像我们的大脑一样，本质上是神经元或神经细胞的集合体。神经元彼此交流，并延伸到身体其他部位的神经。外界刺激从感觉器官传入，沿着传入神经传播（其脉冲朝向中枢神经），并通过传出神经（其脉冲传出中枢神经）向肌肉发送信号，从而触发相应的身体动作。传出神经也与腺体相连，从而使昆虫在某些刺激下释放激素。

昆虫的大脑位于头部后侧，有三个不同的脑叶，每个脑叶与头部不同体节的结构相关联：前脑（与视觉系统相连）、中脑（触角的神经中心）和后脑（与口器相连）。

这三个区域分别由一对神经节（一束神经末梢）组成。虽然大脑中的神经节是融合的，但昆虫的躯干中拥有更多独立的神经节，通常每个体节有一对神经节（尽管在某些情况下，它们可能会与邻近的神经节发生融合）。因此在某种意义上，昆虫身体的每一节都具备自己的微型"大脑"，可以独立处理事务。例如胸部的三节分别包含一对神经节，控制所在体节上的足的运动。

神经元

神经元是具有一个或多个长丝状分支（轴突）的细胞，可以传导电脉冲。轴突末端有一簇非常细的分支突起——树突，这些树突通过微小的间隙（突

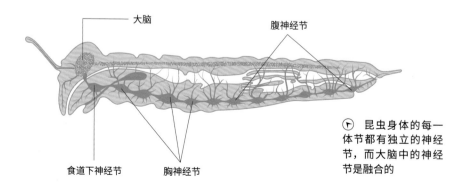

大脑　　　　　　　　　　　腹神经节

食道下神经节　　　　胸神经节

⊙ 昆虫身体的每一体节都有独立的神经节，而大脑中的神经节是融合的

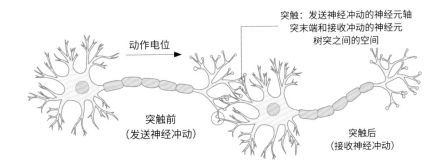

突触：发送神经冲动的神经元轴突末端和接收冲动的神经元树突之间的空间

动作电位

突触前
（发送神经冲动）

突触后
（接收神经冲动）

⊙ 神经元具有在其内部传递电信号并传递给相邻神经元的功能

触）与邻近神经元的树突相连接。当电脉冲到达树突时，它会使树突释放一种特殊的化学物质（神经递质），这种物质穿过突触并与下一个神经元树突的细胞膜结合，从而产生新的电脉冲。通过这种方式，脉冲可以在大脑或神经节中传导，并到达身体的最远端。

大脑和神经节处的神经，由许多神经束组成，因此较厚。而在昆虫更外围的身体部位，神经元更少，神经变得更薄。每个感器可能仅由 2～3 个独立的神经元支配。

⊙ 蚂蚁的大脑虽然很小，却占其总重量的 15%

昆虫的智力

蜜蜂的大脑只有芝麻大小，它们似乎不太可能拥有非凡的智力。然而，蜜蜂和其他昆虫可以完成复杂的行为，这表明它们的智力超越了它们大脑的大小。

⊗ 这些蚂蚁为同伴搭建起一座生命桥梁，这个过程需要极高的组织和合作能力。这也表明蚂蚁拥有真正的智慧

我们的传统观点认为，大脑的大小是决定智力的唯一重要因素。然而，人们对于各种动物，尤其是鸟类的研究，颠覆了这一观点。乌鸦和黑猩猩均表现出非凡的智力。乌鸦15克的大脑中神经元的密度比黑猩猩高得多，而且乌鸦的神经元结构效率更高。那么昆虫呢？它们的大脑和脊椎动物的大脑有很大的不同，人们在这方面的研究相对较少。

智力的判定并不简单。不过大多数生物学家认为，智力的高低可以表现在记忆力、创新行为、学习能力、计划能力、解决问题和社会互动（包括团队合作）能力等。上述标准在一些昆虫身上都能够观察得到，尤其是蜜蜂、胡蜂和蚂蚁等社会性昆虫。

蜜蜂需要学会如何到达不同花型的蜜腺，另外它们也能够学会一些对其生存并不必要的技能，比如识别不同的人脸。蜂群中有名的"8"字形"摇摆舞"，是在告诉其他蜜蜂到哪里可以找到新的花蜜，传递有关方向、距离甚至花蜜质量的信息。这种用象征手法表达概念的方式是一种特殊的语言，这种语言也存在于许多"更高等"的生物中，但人类不得而知。

蚂蚁的社会结构极其复杂。有的蚂蚁物种是"奴隶制造者"，它们会从其他蚂蚁物种的巢穴中偷取蛹来补充自己的劳动力。蚂蚁具有合作能力，比如搭建生命桥梁以便其他同伴穿行，或一起协作把大型猎物带回巢穴。

掠夺性思维

肉食性动物通常比植食性动物聪明，因为捕捉动物比寻找并吃掉植物需要消耗更多的脑力。研究表明，蜻蜓能够预测猎物的飞行路径，并可以在飞回巢穴时排除一切干扰（包括其他昆虫，当其目标处在一个群体中时），做一个捕猎成功率超过90%的猎手。好奇心是智力的另一个表现方面，蜻蜓在捕食时，甚至会在半空中停下来检视你，然后再继续飞行。

⊙ 智力行为在社会性昆虫（如蜜蜂）和捕食者（如蜻蜓）中最为明显

⊙ 追捕快速移动的猎物需要具备高度适应的神经系统

昆虫建筑师

从蜾蠃精心造的泥壶巢到白蚁高耸的巢穴，昆虫世界里的建筑大师层出不穷。

大多数会为自己或后代建造巢穴的昆虫都来自膜翅目（如蜜蜂、胡蜂、叶蜂和蚂蚁）。胡蜂科蜾蠃属的物种会用泥土打造出令人赏心悦目的巢穴，完工后的巢穴就像精致的花瓶，有一个宽大的"瓶身"，"瓶口"是细小的入口通道。雌性蜾蠃收集泥浆，并将其粘在基底上（通常是垂直的高表面，如墙壁或树干，以保护自己）。蜾蠃用口器和前足摆弄和雕琢它的建筑材料，在适当的地方分泌唾液保湿。当泥壶巢完工后，它会捕获一些"瘫痪"的猎物置于巢内，再在巢内产卵，然后会封闭泥巢入口。在卵孵化后，幼虫靠巢内储存的食物生活，随后化蛹，最后破蛹而出。

白蚁的巢穴或高耸窄峻，或宽大多峰。巢穴中包括"烟囱"（通风口）、错综复杂的隧道和房间。隧道通向地下的主巢室，蚁后在那里生活和繁殖。白蚁巢穴由工蚁建造和维护，而较大的兵蚁负责保卫巢穴免遭入侵。这些巢穴由大量的白蚁粪便堆砌而成，从而使巢穴周围形成了一个与周围地形不同、物种丰富的植物群落。成群的蚁巢有效地创造出了不同的生物群落，大大增加了生物多样性。

ⓐ 社会性昆虫用咀嚼过的木头制成的纸状物（上图，蜾蠃巢）或用泥土（下图，白蚁巢）等材料筑巢

ⓥ 一些蛾类幼虫群居在由面部腺体分泌的丝制成的大"帐篷"里

ⓥ 根据选取材料的不同，石蛾幼虫的巢壳外观可能非常华丽

鲜为人知的热带纺足目昆虫，永久地成群聚集在网下，这张网是由它们前足的腺体吐丝编织而成的。只有成年雄虫才会长出翅膀飞出丝巢。

许多昆虫只为自己建造微型的庇护所，其中最著名的是石蛾幼虫。这些身体脆弱、行动缓慢的幼虫生活在水中，以碎屑为食，对它们来说，防御比速度更重要。它们把在湖床上找到的碎石、树枝、沙子和其他材料的小碎片用分泌的丝黏成管状巢穴。

丝网

在一些地区常常能看到，灌木或篱笆墙完全被蜘蛛网样的丝线覆盖。事实上，这些巨大的丝网是蛾类幼虫的杰作，比如巢蛾科巢蛾属物种。幼虫用口器分泌的丝织网，在丝网的庇护下，它们可以相对安全地取食植物的叶子。还有一些昆虫幼用丝线制作单独的巢穴。卷叶蛾科的物种有时被称为叶辊，因为它们会把一片植物的叶子卷起并固定住作临时庇护所，在里面进食。

运动

飞行是昆虫的一项创新技能，昆虫是地球上最早的飞行者，也是进化出飞行能力的四类动物（昆虫、鸟类、蝙蝠、翼龙）之一。昆虫的其他运动方式也同样令人印象深刻，比如短跑、跳跃、攀岩、涉水和深潜等。

- 肌肉系统
- 地面运动
- 飞行

- 游泳和潜水
- 躲避危险
- 固着

▷ 昆虫分节的足和身体使它们能够自由地奔跑、攀爬、跳跃和搏斗

肌肉系统

尽管昆虫的体型迷你，但它们能够做出一些令人瞠目结舌的壮举，这要归功于它们体内的一系列高效的肌肉群，为其提供了非常高的能量输出。

从蚂蚁和甲虫的举重能力，到跳蚤和蝗虫的惊人弹跳力，昆虫小小的身体中蕴含着巨大的力量。肌肉不仅用于驱动足、翅膀、口器和触角的运动，还帮助推动体液在体内流动，推动食物通过消化道。

所有昆虫的肌肉都是带状的，在显微镜下可以看到。肌肉通过收缩发生作用，例如，足与胸部连接处的肌肉收缩时，这条足会整体移动。昆虫幼虫通过肌肉将身体各部分连接在一起，因此即便没有足也能通过挤压和拉伸的动作进行蠕动。

单个肌肉由几束长纤维状肌细胞组成。在肌细胞内，肌动蛋白和肌球蛋白两种蛋白质肌丝通过化学键相结合，交替排列。当肌细胞受到神经元的刺激时，会引起肌细胞内部的化学变化，破坏肌动蛋白和肌球蛋白之间的连接。当化学键断裂时，蛋白质肌丝相互滑动，导致肌细胞长度缩短。这个过程发生在

⌄ 肌细胞的组织结构。细长的肌丝聚集成束，作为一个整体发挥作用

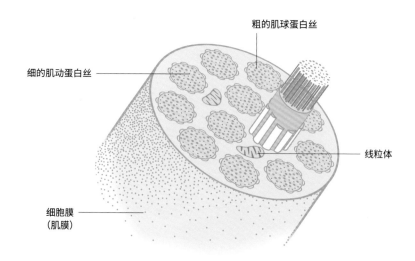

粗的肌球蛋白丝

细的肌动蛋白丝

线粒体

细胞膜
（肌膜）

⌃ 工蚁是采集和搬运的高手，能举起远超其体重的物体

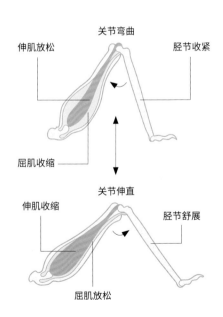

⌃ 屈肌收缩使关节弯曲，伸肌收缩使关节伸直

肌肉中的所有肌细胞内，达到肌肉收缩的目的。

足的弯曲和舒张

　　足"关节"活动的肌肉是成对的，就像人类的肌肉一样。这些"关节"的工作原理就像铰链一样，只能向一个方向弯曲。每块肌肉的一端连接到"关节"两侧的节上。自然弯曲处内侧的肌肉是伸肌——当它收缩时，关节就会伸直。另一块肌肉是屈肌，它的收缩使关节弯曲。

地面运动

许多昆虫，包括进化最成功、最多样化的甲虫，都用足行走。足的功能包括行走、疾驰、攀爬和跳跃。

有些昆虫拥有粗壮有力的足，它们可能擅长走路或攀爬，或者用足捕猎和抓握。虎甲（虎甲亚科）善于追逐并杀死地面上的其他昆虫，是陆地上跑得最快的无脊椎动物之一，其中，澳大利亚的捷虎甲（*Cicindela hudsoni*）能以9千米/时的速度奔跑。体型较大的蟑螂身手也很敏捷，美洲大蠊（*Periplaneta americana*）的时速可达5.5千米。善于奔跑的昆虫往往拥有大长腿和强壮的股节，同时跗节末端长有强劲的爪以便

抓握。它们的后足一般是最长的，但中足和前足也很结实。

奔跑时最有效的步态是"三脚架"，即三条足（一侧的前足和后足，另一侧的中足）同时接触地面。同样的步态也适用于昆虫攀登垂直的接触面时。研究发现，蟑螂可以通过一侧的三条足交替跨步来提高奔跑速度。

蝗虫和蟋蟀的后足可以提供强大的弹跳力。它们的后足比其他足长得多，发达的股节能够支撑强烈的肌肉收缩，

🕐 大多数甲虫主要擅长行走、奔跑或攀爬，而蝗虫在跳跃之前步行缓慢

> 有些蝗虫跳跃的距离可以超过身长的
200 倍

从而驱动它们向前运动。当昆虫在草丛
中走动时，它们的步态通常缓慢而笨拙。

停留

苍蝇可以很轻松地在天花板上倒立
休息和行走，也可以在玻璃上垂直行
走，许多昆虫也有类似的抵抗重力的本
领，这要归功于它们的身体结构（加上
轻巧的体型）。人们很容易认为它们的
脚上有吸盘，但其实苍蝇是利用足的跗
节末端爪垫的大量微小刚毛来抓住光滑
表面的微小的脊和裂缝。有的昆虫则会
从足上分泌一种黏性物质，为刚毛提供
抓地力。

∧ 由于足爪垫上有刚毛，苍蝇可以轻松地
倒立在物体光滑的表面上

⤵ 苍蝇足上覆盖着
带刚毛的爪垫，帮助
它"挂"在光滑的表面，
而弯曲的爪子可以用
作撬具，帮助它脱离
附着面

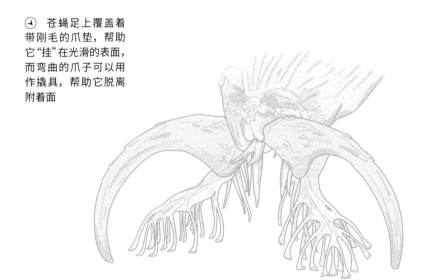

飞行

昆虫已经飞行了 4 亿年。它们的飞行既让人印象深刻，又让人困惑。因为它们飞行的机制和基本的结构与脊椎动物的截然不同。

直接拍打翅膀（蜻蜓、豆娘和蜉蝣）

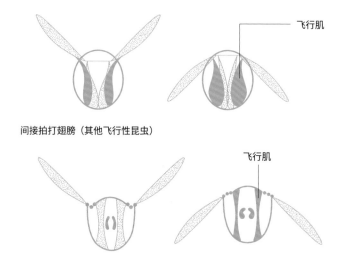

间接拍打翅膀（其他飞行性昆虫）

飞行肌

飞行肌

🕐 昆虫的飞行肌附着在胸腔基部。上部接合点可位于翅膀的基部，所以当飞行肌收缩和舒张时，会带动翅膀上下扇动（上图）；也可附着在胸腔的顶部，当胸腔因肌肉收缩而弯曲和扩张时，翅膀随之扇动（下图）

鸟类利用连接胸部和翅膀"上臂"骨的肌肉扇动翅膀。然而在大多数昆虫中，飞行肌根本不直接附着在翅膀上。蜻蜓和豆娘的中胸和后胸有屈肌和伸肌，它们连接在翅膀的基部，每一对翅膀都可以独立运动，所以它们在空中具有强的控制力和机动性。蜉蝣也有在胸部和翅膀之间延伸的飞行肌。

在大多数飞行昆虫中，翅膀的拍打是间接实现的：通过附着在胸节上侧面和下侧面的肌肉来运动，当肌肉收缩或拉长时，整个胸腔的形状会发生扭曲，从而使翅膀扇动起来。翅膀的扇动频率可达 62 760 次 / 分（见于一些双翅目昆虫）。翅膀内部也有微小的肌肉，用来调整飞行的角度。

人们常说，熊蜂能飞不科学，因为它太重了，娇小的翅膀根本"抬不起"身体。这种（明显错误的）想法认为昆虫的翅膀是上下摆动的。事实上，昆虫翅膀的扇动轨迹更偏向于复杂的环形或 8 字形，翅向前方倾斜同时向下拍动，然后翅向后翻转拉回。这样翅扇动一次，会在翅膀上方的空气中产生微小的涡流（类似龙卷风），降低空气压力，帮助昆虫克服自身重量。

⊼ 许多天蛾都擅长悬停，悬停能让它们在柔弱（无法支撑其体重）的花朵中觅食

一些昆虫，包括许多飞蛾，有一种翅膀连锁机制，将前翅和后翅连接在一起，成为一个整体。与独立扇动翅膀的昆虫相比，这种连锁虽然让飞行变得不那么灵活，但提高了昆虫对动能的利用率。翅膀连在一起的方式各不相同，有的昆虫翅膀是通过有翅钩和相应的缺口相耦合；有的昆虫的翅膀并没有物理连接，但前翅与后翅重叠，从而在向下振翅时可以固定在一起。

拍打和甩动

有些非常迷你的飞虫，比如蓟马，使用一种非同寻常的技巧在空中飞行：它们在背部上方拍打翅膀，然后向下反弹使得每只翅膀上形成一个旋涡，从而让自己的身体被"吸"起来。这种飞行方法被称为"拍打和甩动"。由于动作非常剧烈，容易造成翅膀损伤，因此这种方法最常见于寿命较短的成年昆虫中。

⊙ 蓟马是少数几种通过相当猛烈的"拍打和甩动"来实现飞行的昆虫

游泳和潜水

许多昆虫在幼虫阶段生活在水中，而有些昆虫，如龙虱和划蝽，尽管成年后会飞，但仍选择在水中生活。

尽管昆虫的祖先被认为是海洋和淡水中的甲壳类动物，但今天地球上为数不多的成年水生昆虫是由陆生动物进化而来的。水生成虫主要分为两大类，甲虫和蝽，不过这两大类昆虫中，大多数成员在其整个生命周期中都生活在陆地上。相对而言，水生幼虫的种类更多，包括蜉蝣、石蝇、蜻蜓、石蛾、部分苍蝇、部分脉翅目昆虫以及部分飞蛾。

昆虫生活在水中，并不代表它们需要游泳，它们可以在水底行走，或者在水下植物上攀爬。不过，有些昆虫是真正的游泳者和潜水员，它们拥有改良过的足结构，能推动其在水中前进。在大多数情况下，这种足结构的改良发生在一对或多对足上由刚毛形成的浓密的单向"桨"。豉甲（豉甲科）的中后足短且呈鳍状，而前足较长，用于捕捉猎物而非游泳。通常，龙虱的游泳足是一起工作的，而不是交替进行。

在半翅目昆虫中，划蝽（划蝽科）和仰泳蝽（仰泳蝽科）的后足细长，并长有毛发。这些足像船桨一样推动昆虫在水中移动。

有些水生昆虫只在水面上游泳，但龙虱有足够的动力潜入水下深处。它

⌄ 游泳的昆虫，如仰泳蝽（左图）和龙虱（右图），用它们的足作为船桨来推动自己

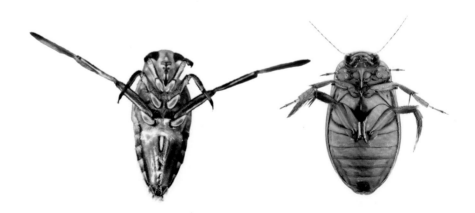

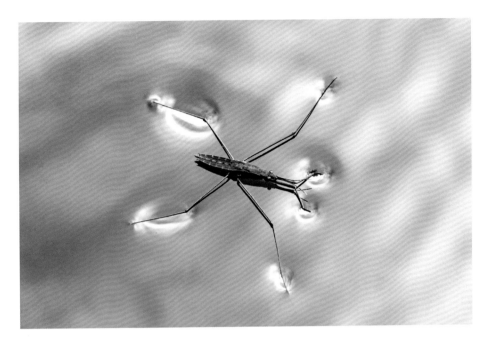

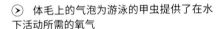
水黾的足会在水面留下凹窝，但不会打破水面的张力

体毛上的气泡为游泳的甲虫提供了在水下活动所需的氧气

们通过随身携带氧气，克服了水下生存的另一个挑战——对氧气的需求。龙虱在鞘翅下夹带一个气泡，游泳时用它呼吸。因为水中的部分溶解氧会扩散到气泡中，因此气泡可以进行一定程度的自我补给，成为一个功能性鳃。其他会游泳的蝽和甲虫的外骨骼的毛发中能锁住一层可呼吸的空气，被称为气盾，在某些情况下，气盾可以为昆虫终生提供氧气，这意味着它们永远不需要浮出水面。

在水面行走

水黾（黾蝽科）和其他水生蝽类生活在水面而非水中。这些长腿昆虫通过将体重分散在广阔的区域以增加受力面积，从而获得水面张力的支撑。水黾足跗节的端部覆盖着蜡质毛发，这些防水毛发可以捕获水中的微小气泡，为身体提供浮力。

躲避危险

有些昆虫只在必要的时候才运动。当危险来临，昆虫会采取"特殊的行动"，迅速摆脱困境。

许多动物喜欢捕食昆虫，甚至很多昆虫也以其他昆虫为食。即使是强悍的蜻蜓或胡蜂也可能成为更大型动物的美食。但许多昆虫除了尽快逃跑，还有其他办法摆脱危险。

叩头虫（叩甲科）没有典型的跳跃足，但它们仍然可以跳跃。叩头虫善于奔跑和爬行，但如果它们的背部被撞击，它们只能通过发出"咔哒"声来解救自己，逃离捕食者。叩头虫的前胸腹板前缘具突起，当其迅速而有力地弯曲身体时，这个突起就会插入中胸腹板

的凹窝中，因此产生的反冲力会将叩头虫推上半空，并发出"咔哒"的声响。它们在落地前可能会翻几个跟头，然后（运气好的话）背面朝上地降落在一定距离外。

一些飞蛾和蝴蝶则利用警戒色来阻止捕食者的攻击。目弦天蛾（*Smerinthus ocellata*）的后翅上有色彩斑斓的眼状斑纹。目弦天蛾在休息时，前翅会覆盖着后翅，当它受到攻击，它会利用

⌄ 如果猎物突然死亡，许多捕食者就会对其失去兴趣

⊙ 叩头虫的弹跳和叩头关节是由前胸腹板的突出插入中胸腹板的凹窝中形成的

⊙ 叩头虫能够飞行，它们的叩头技能能够使其更快的逃跑

翅膀上的肌肉迅速张开前翅，露出后翅上的"眼睛"，以期能分散捕食者的注意力。

假死

许多生活在枝叶上的昆虫，如果受到干扰，就会无力地落在地面上，希望树叶能把它们掩藏起来。有时尽管它们已经尽可能地往下落，但捕食者仍然对它们穷追不舍，它们可能会在很长一段时间内装死。这是一种有效的自卫手段，因为捕食者倾向于攻击活的猎物。一些生活在地面的昆虫也能有效地装死，如拟步甲科昆虫被称为"装死甲虫"，它们能轻易伪装成没有生命迹象的样子，非常逼真。

固着

昆虫纲中包含一些能够迁徙很远的种类，但也有一些种类，从孵化到死亡，几乎不动。

不移动的动物被称为固着动物。这其中有许多类群一开始偏爱移动，比如藤壶幼虫喜欢在海里游动，当它们在潮间带找到定居点后，便分泌藤壶胶，开启永久的固着生活。

真正固着生活的昆虫不多，介壳虫（蚧总科）算其中的一类，至少它们的雌虫属于固着动物。这些通常非常小的半翅目昆虫通过刺吸式口器吸取植物茎中的汁液。它们在孵化时是自由活动的，但在最初几次蜕皮后，没有翅膀的雌性会固着在一个地方，持续进食，还会分泌一层厚厚的蜡来保护自己。雄性通常在性成熟时才长出翅膀，以便找到雌性并与之交配。一些介壳虫会由蚂蚁负责"守卫"，因为蚂蚁喜欢收集介壳虫排泄的蜜露。蚂蚁甚至可以把幼小的介壳虫移到它们喜欢的寄主植物上，方便其进食。

ⓥ 瓢虫鲜艳的颜色是在向外界发出警告，它们具有令人厌恶的身体，并阻止捕食者的攻击

有几种蛾类的雌性不会飞，而且几乎不移动。雌性古毒蛾（*Orgyia antiqua*）的腹部非常膨胀，翅膀短小，当它从蛹中出来时，会释放能吸引雄性的信息素；交配后，它会在蚕茧及其周围产卵，蚕茧能在它化蛹时保护它。古毒蛾幼虫行动非常灵活，会积极地寻找安全的、远离捕食者的化蛹场所，完成其生命周期。

一动不动的生存方式

在某些条件下，即使是最活跃的昆虫也可能持续数小时或数天不动。在温带地区，许多成虫和幼虫会在冬眠状态下度过最冷的几个月。随着新陈代谢急剧减缓，它们保存了能量，以便在温度上升时恢复活动。即使在仲夏，也可能

⊙ 雌性古毒蛾的幼虫比成虫活跃得多

⊙ 粉蚧及其他介壳虫通过吮吸植物的汁液为食，它们中的许多物种几乎一生不动

会有持续的降雨或低温，迫使昆虫变得不活跃。这就是为什么即使是高度活跃的昆虫通常也有很好的伪装，或者具备令人不快的身体形态和明亮的警告色。被迫静止是它们生活的一部分。

5

摄食和消化

大多数昆虫是植食性的，但也有相当一部分昆虫是腐食性和肉食性的。有些昆虫能吮吸液体食物，有些昆虫能咀嚼固体食物。不同昆虫的口器和消化道决定了它们消化花蜜、血液、肉或木头等不同食物。

- 口器的结构
- 食谱类型
- 消化道

- 食物加工
- 生长过程中的改变
- 饮水与体液平衡

▷ 毛毛虫是"进食机器"，从孵化到化蛹，它们消耗的食物是自己体重的数千倍

口器的结构

许多主要的昆虫类群可以通过口器的结构和功能来区分。

人类的饮食是多样化的，而人们用来咬断、磨碎、舔或吮吸食物的"工具"全都集中在嘴里。但是，大多数昆虫只专注于一种进食方式，并"配备"了相应的口器。

口器源于六个头节和表皮硬化板上的附肢，包括"关节"、灵活度高的部分、更坚硬的部分和感觉结构（触须）。一般来说，昆虫的口器由五部分组成：

• **上唇**：盖在上颚前的硬化板。

• **上颚**：成对的、强壮的、能够切断和撕裂食物的附肢，类似于颌骨。

• **下颚**：成对的、精致的附肢，协助取食，着生下颚须。

• **舌**：通常是一种小的舌状结构，分泌唾液和辅助吞咽。

• **下唇**：成对的、融合的附肢，托挡食物，着生下唇须。

具有这种原始口器结构的昆虫包括蝗虫、蟋蟀、蟑螂和一些甲虫。然而，在许多晚出现的昆虫类群中，其口器经过高度"改良"，口器的一些结构已经被舍弃。在半翅目昆虫中，上颚和下

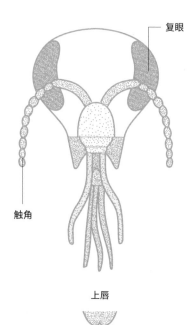

复眼

触角

上唇

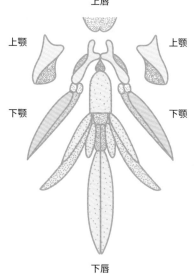

上颚　　　　上颚

下颚　　　　下颚

下唇

Ⓐ 蜜蜂头部和嚼吸式口器模式图。舌（图中没有显示）含有腺体，工蜂能够分泌蜂王浆

⊙ 蝴蝶和飞蛾卷曲的喙是由下颚的外颚叶形成的一根柔韧的管状结构

⊙ 蚂蚁有大而强壮的上颚，适合撕咬和抓握

颚被融合和重塑，形成一根坚硬的管道，可以用来刺穿植物或动物组织，并从其中吸取液体。成年蝴蝶和飞蛾没有上颚，它们的左、右下颚的外颚叶十分发达，融合成一个长而灵活的吸吮管（喙）。当不取食时，喙卷曲在下颚须之间。

幼虫的口器

昆虫幼虫除了进食和生长外几乎什么都不做，所以口器通常比成虫的更明显，使用频率也更高。大多数幼虫具有功能齐全的上颚，通过撕咬和研磨来进食。蜻蜓和豆娘的稚虫有一个很明显的下唇罩，可以高速向前"开火"，刺穿猎物。

食谱类型

昆虫的食谱都能在自然界的有机物中获得答案。有些昆虫食谱广泛，因此拥有与之相匹配的通用口器，而有些是极端的专食主义者。

在昆虫中，至少三分之二的物种是植食性的，其余的大多数是肉食者，以它们杀死、寄生或其他肉食动物的身体为食。还有相对较少的昆虫物种（不到10%）既吃植物又吃肉，被归为杂食性昆虫。在某些情况下，同一物种的幼虫和成虫的食谱是完全不同的。

以植物为食的昆虫可能是吃树叶（通常是用上颚咬碎），也可能是吸

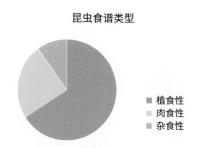

昆虫食谱类型

■ 植食性
■ 肉食性
■ 杂食性

取茎中汁液（比如蜡象，用其尖锐、锋利的口器）或者吸取花蜜。食蜜物种通

⊕ 食蚜蝇和许多苍蝇的下唇端部有宽大的海绵状唇瓣，可以吸取液体

过多种方式获得花蜜，例如蝴蝶和飞蛾用虹吸式口器吸食花蜜，蜜蜂用嚼吸式口器中下颚和下唇特化而成的吸管吸食花蜜（也用上颚嚼食花粉）。一些食叶昆虫具有明显的寄主专一性，即只吃一种植物，而且只吃在特定条件下生长的植物。

食肉昆虫可以捕捉活的猎物，比如蜻蜓和螳螂会用上颚撕咬猎物。大多数掠食性昆虫会捕捉其他昆虫，不过有研究表明，大型螳螂能够捕捉小型脊椎动物，如蜂鸟。杂食性昆虫包括一些直翅目成员，如绿丛螽蟖（*Tettigonia viridissima*）可以捕食其他昆虫，也能吃叶子。还有一些杂食性昆虫以死亡或腐烂的植物（或动物尸体）为食。

吸血昆虫

吸食脊椎动物的血液是少数昆虫的生活方式。跳蚤是一种不会飞的寄生虫，通常有一个特定的寄主（有时可能也会换一种寄主，如猫、狗）。双翅目昆虫中也有许多吸血种类，如蚊子和马蝇，它们的雌性以寻觅到的合适寄主的血液为食。它们也可能取食花蜜等其他食物，但如果没有从血液中获取蛋白质，它们就无法产卵。吸血昆虫的唾液中含有抗凝血剂，所以在吸血昆虫停止进食前，伤口不会凝结。

Ⓐ 象鼻虫是植食性昆虫，可能会被蚂蚁等肉食者捕食

Ⓐ 蚊子和其他一些双翅目昆虫以脊椎动物的血液为食

Ⓐ 毛毛虫取食大量的植物叶片

消化道

　　昆虫和其他动物吃下的食物需要经过"加工"，身体才能提取其中有价值的营养物质，最后将剩下的废料排泄出去。这是消化道的工作范畴。

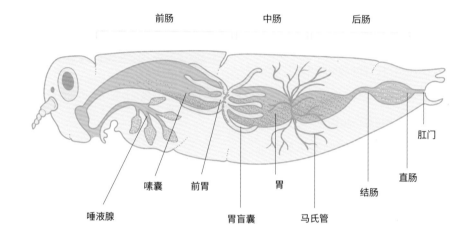

昆虫的消化道有三个主要区域：前肠主要分解食物，中肠和后肠前段负责吸收食物，后肠吸收食物中残留的水分

　　一些无脊椎动物，如扁虫，利用同一个口进行摄食和排泄。但昆虫的消化道可以算是一个"完整"的消化系统：食物通过口腔进入体内，开启一段单向的旅程，最终抵达肛门，排出体外。在这期间，食物将经过三个主要的具有不同功能的消化区域：前肠、中肠和后肠。

　　食物在昆虫的嘴里与唾液相混合，以方便吞咽，并开启消化之旅。每一种口器都有配套的相关腺体（尽管不是所有昆虫都有），其中一些腺体负责分泌唾液。食物通过管道进入昆虫的口腔，在口腔底周围的食窦肌收缩产生的吸力作用下，食物被吸入消化道的第一部分——前肠。

　　前肠包含嗉囊，这是消化道中一个可伸缩的部位，食物在被进一步加工前会暂时储存在这里。嗉囊可以让昆虫快速进食，并通过唾液酶初步消化食物。当食物进入前胃，就开始真正的消化了。前胃是一个肌肉性的器官，排列着尖锐的突起，可以机械地分解、磨碎食物。

在中肠，食物到达昆虫的胃，被消化酶浸泡，细胞壁上的微小突起（微绒毛）吸收食物中的营养物质。废物的清除发生在后肠，那里有许多非常细的盲管（马氏管）从后肠分支而来。它们能去除昆虫血淋巴（相当于血液）中的氨，并将其以尿酸的形式返回后肠进行排泄。后肠的另一个主要功能是在废物通过直肠排出之前，重新吸收其残留的水分和盐分。

内膜

嗉囊内部和肠道的其他部分都有一层非常薄的表皮层，与昆虫的外骨骼是同一种物质，被称为"内膜"。就像外骨骼的表皮层可以保护身体免受伤害，内膜也帮助保护昆虫身体内部器官不受坚硬食物颗粒的伤害。

(∧) 所有昆虫在摄食后，都会排泄某种形式的废物

(∨) 潜叶蛾——微蛾属的 *Stigmella aceris* 幼虫以叶子中的细胞为食。随着它们的成长，它们在叶上创造的虫道更宽。它们的粪便保留在虫道中，形成黑色的痕迹

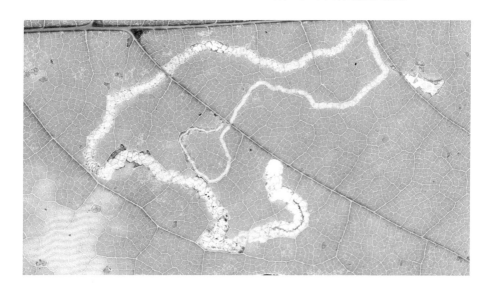

食物加工

为了生存，昆虫需要能量。为了生长和发育，昆虫需要营养物质。这两类需求都是通过分解和重塑它们摄食的有机物完成的。

人类（以及其他动物）所吃的食物的主要成分是蛋白质、脂肪和碳水化合物，它们都是构建身体组织所必需的，而且它们也是潜在的能量来源（尤其是碳水化合物）。当它们最初被消耗时，通常是以复杂的大分子的形式存在。消化过程将它们分解成简单的小分子，然后根据需要重新组合成不同的大分子。

这里所说的"食物加工"涉及物理分解和化学分解。一切都从口腔开始。许多昆虫用上颚咬下小块食物，唇腺和下咽腺分泌的唾液酶会破坏大分子之间相连的化学键。唾液中的酶因物种而异：肉食性昆虫的唾液中含有蛋白酶，用于分解蛋白质；植食性昆虫的唾液中含有淀粉酶，用于分解纤维素和其他碳水化合物，可能还有让植物组织中的毒素失活的酶。

当唾液酶继续工作，进一步的物理分解发生在前胃中。在中肠，昆虫体内将分泌更多的酶来继续化学分解。这部分的肠道没有表皮层，只有黏液层，所以小的食物分子可以通过并被肠道内壁细胞的微绒毛吸收。一旦进入细胞，食

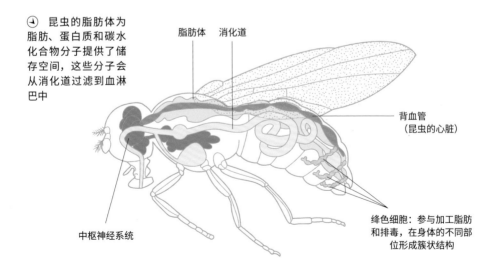

🕐 昆虫的脂肪体为脂肪、蛋白质和碳水化合物分子提供了储存空间，这些分子会从消化道过滤到血淋巴中

脂肪体　消化道

背血管
（昆虫的心脏）

绛色细胞：参与加工脂肪和排毒，在身体的不同部位形成簇状结构

中枢神经系统

物分子就会被就地利用，或者通过血淋巴系统转移到身体的其他部位。营养物质的消化至此基本上就完成了，而盐分的吸收在后肠中进行。

营养小分子

　　脂肪、蛋白质和碳水化合物这三类长链状分子都可以被分解成更小、更简单的分子，也就是其组成分子。脂肪的组分是脂肪酸，蛋白质的组分是氨基酸，而碳水化合物的组分是单糖——尤其是葡萄糖。利用这些组分，昆虫体内可以合成新的细胞、酶和激素。葡萄糖和脂肪分别以糖原和甘油三酯的大分子形式存在，提供长期的能量储存。这些物质被合成并储存在脂肪细胞中，这些

⊙　黄花瘿蝇幼虫能在寒冷的冬天存活的秘诀可能在于脂肪体

脂肪细胞组成了脂肪体。脂肪体的工作原理与脊椎动物的肝脏类似，功能多样，比如建立和储存能量储备。

　　在某些昆虫中，脂肪体可能有另一种特殊的作用。黄花瘿蝇（*Eurosta solidaginis*）是一种北美的昆虫，它会在一个隐蔽的缝隙中以幼虫的形式越冬。这个庇护所不足以抗冻，而身体冻僵后会对脂肪体内的细胞造成致命的伤害。但是，黄花瘿蝇幼虫的脂肪体含有一种不同寻常的脂肪分子（乙酰化三酰甘油），这种脂肪分子在0℃以下仍能保持正常的液态，从而保护细胞不受损害。

生长过程中的改变

昆虫从幼虫变为成体，需要经历变态发育。在一些昆虫类群中，它们需要从蛹化为成虫（见第9章）。变态发育意味着昆虫在食性、摄食结构和功能上发生剧烈的变化。

对于许多经历不完全变态发育的昆虫来说，从幼虫到成虫，身体的转变不算太大，食性和摄食器官的变化也不像那些经过化蛹阶段的昆虫那样剧烈。例如，直翅目物种（蝗虫和蟋蟀）的食性和摄食方式在发育过程中变化较小。蜻蜓目物种（蜻蜓和豆娘）的稚虫和成虫均为肉食性，但它们的捕猎方式不同，口器也存在差异。它们的水生幼虫用六足行走，并用发达的可延伸的下唇罩快速出击刺向猎物。长出翅膀后的蜻蜓则不再需要这样的下唇罩，相反，它们是在飞行中捕获猎物，用其密布刚毛的足"网"住猎物。如果猎物太大，它们就用前足擒住猎物，然后用其余四条足停靠在栖木上，再享用美食。

在完全变态发育的昆虫中，摄食器官通常在蛹期经历相当大的重塑，口器从以撕咬和咀嚼为主转变为更特殊的类型。幼虫比成虫需要摄取更多的食物，尤其是蛋白质含量高的食物。有些成虫只吃花蜜，借助花蜜中的糖分来补充能量，而对其他食物一概不理。而有些成虫根本不进食，仅依靠幼虫时期积累的脂肪存活。还有一些昆虫，成年后可能需要摄食幼虫时期不需要的食物，比如成年雌性蚊子需要吸食一些血液来促进产卵，某些成年雄性蝴蝶需要特殊的

Ⓐ 成年蜻蜓是强悍的空中捕食者，其形态与水生稚虫差异较大

Ⓐ 蜻蜓稚虫是缓慢的跟踪者，而非高速的追逐者，但它们和成年蜻蜓一样捕杀猎物

⌃ 红裳灯蛾幼虫会从摄取的植物中吸收毒素，并保留在体内

⌃ 红裳灯蛾成虫会将毒素保留在体内，并像幼虫那样，呈现出明亮的警戒色

⌄ 蝴蝶成体消耗的食物比其幼虫少得多，但有些雄性蝴蝶需要吸收某些矿物质才能产生精子

盐类来产生精子。隧蜂科蜜蜂被称为"汗蜂"，因为它们可以吸食人类等哺乳动物分泌的汗液和泪液。

储存毒素

植食性昆虫的幼虫能应对植物产生的毒素，它们可能会分解毒素，或者将毒素完全储存在自己体内。对于任何可能吃掉它们的捕食者而言，幼虫本身是有毒的。通过关联记忆，捕食者将学会放弃取食类似的幼虫。因此，储存毒素的幼虫通常具有醒目和独特的外观。当幼虫变成成虫时，原本储存的毒素仍然在其体内活跃，即使成虫不吃任何有毒的东西，毒素也依然可以起到保护的作用。许多分布广泛的裳夜蛾科（灯蛾亚科）物种会将食物中有毒的生物碱积

累在体内，有的物种随后会将这些化学物质转化为成年雄性用来求偶的信息素。

饮水与体液平衡

体液的平衡对昆虫的生存至关重要。由于小型昆虫极易脱水，调节体液平衡对其来说可能是一个十分困难的过程。

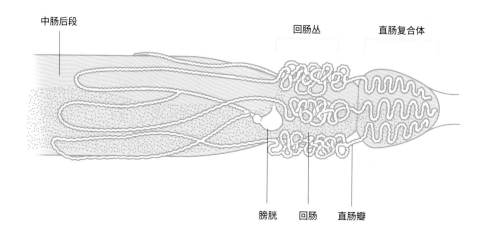

中肠后段　　　　　　　　　　　　　　　　回肠丛　　　　　直肠复合体

膀胱　　回肠　　直肠瓣

对于最早出现的昆虫来说，只有进化出一套适应环境的体液调节系统，才能在陆地存活。昆虫迷你的身体只能存储少量的水，在蒸发较大的环境下，体内的水分会迅速流失。另一方面，体内积攒过多的液体也会损害身体，因为昆虫的表皮大多是坚硬的，在大多数情况下，表皮的伸展程度有限。而幼虫，在每次蜕皮前会摄取额外的液体让身体膨胀，从而有助于挤破旧的表皮，使其脱落完成蜕皮。

昆虫对陆地的另一种适应方式是能够比大多数其他动物适应更大的体液变化：通过调节自身血淋巴的渗透压（见

Ⓐ **毛毛虫的中肠和后肠结构示意图。马氏管是后肠向外延伸的结构，并分别聚集在两个不同区域的周围：回肠的回肠丛和直肠的直肠复合体**

第87页表）来实现。渗透压是一种衡量液体稀释或浓缩程度的标准。家蝇的血淋巴渗透压可能在4~20个大气压，这取决于家蝇最近摄取水分的时长。相比之下，人的血浆渗透压变化较小（7.6~7.8个大气压）。

坚韧的表皮层和蜡质层有助于防止生活在露天环境下的昆虫因水分蒸发而失水。水分的散失主要发生在气门（见90页），气门可以关闭以防止昆虫在

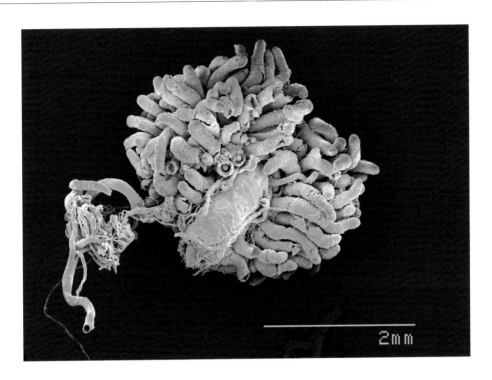

水中溺水，也可以在昆虫飞行时关闭，以避免昆虫因剧烈活动而失水（在这种时候，昆虫气管系统中的空气足以满足其对氧气的需求）。

再吸收

昆虫后肠的马氏管和其他部分在释放或抑制体液方面起着关键作用，其功能类似于脊椎动物的肾脏。当液态物质流经马氏管时，其低浓度促使废物（特别是尿酸）通过血淋巴扩散。液体回流到后肠，混合进消化的废物中。多余的水分在马氏管后段和直肠被重新吸收。

◇ 扫描电子显微镜下观察到的蟑螂消化道延伸出的马氏管图像

大气渗透压（atm）

	0 1 2 3 4 5 6 7 8 9 10 11 12 13 14 15 16 17 18 19 20 21 22 23 24 25 26 27 28 29 30
蒸馏水	0
人类血浆	7.6～7.8
海水	27
家蝇血淋巴	4～20

6

呼吸系统和循环系统

昆虫从空气中获取氧气以及通过身体两侧排出液体的生活方式，对昆虫的进化方向产生了深远的影响。不过，这也成为昆虫体型的一个限制因素，但更为其创造了那些大型好氧生物无法获得的生存机会。

- 呼吸系统
- 气体交换
- 循环系统

- 血淋巴
- 独特的适应类型
- 激素

▷ 龙虱及其凶猛的、上颚发达的幼虫均有一系列呼吸系统和其他身体系统，以适应水下的生活

呼吸系统

昆虫的呼吸系统与人类的截然不同，这种呼吸系统有很多优势，但也有一些我们无法体会的奇怪的局限。

和其他动物一样，昆虫需要吸收氧气来驱动细胞内释放能量的化学反应，并排放因此产生的二氧化碳。人类只能通过嘴巴和鼻子吸入和排出这些气体，而昆虫身体的大片区域具有多个气门。

在大多数昆虫中，从中胸开始，到第八或第九腹节，每一节都有一对圆形气门，位于身体两侧。气门内附有毛发，可以吸附灰尘，锁住水分，防止脱水。当昆虫落水时，气门可以完全关闭，防止溺水。

气门与气管系统相连，该系统拥有众多更细小的分支，并延伸至全身，能直接将空气输送到各个组织中（而不是像脊椎动物那样通过血液输送氧气）。气管是由刚性的几丁质环支撑和固定的，而几丁质环与昆虫的表皮组分相同。在一些昆虫（特别是活跃的飞行昆虫）中，气管系统还包括气囊，以容纳更多的空气。

空气通过被动呼吸进入气门，不过体型较大的昆虫可以通过腹部肌肉的

⌄ 甲虫身体上的气门

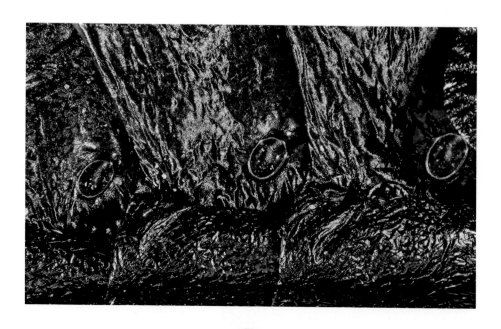

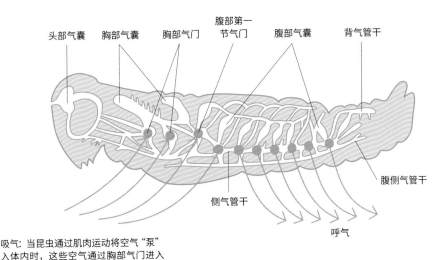

头部气囊　胸部气囊　胸部气门　腹部第一节气门　腹部气囊　背气管干

侧气管干

腹侧气管干

呼气

吸气: 当昆虫通过肌肉运动将空气"泵"入体内时,这些空气通过胸部气门进入体内,然后从腹部气门排出

收缩来辅助吸入空气。如果你仔细观察,就能看到昆虫腹部的这种运动。例如,一只蜜蜂的腹部会有节奏地收缩和膨胀。

娇小的体型

　　昆虫的呼吸方式是限制它们体型的原因之一。即使它们身上有许多气门,而且有腹部肌肉作为助力,但它们不能快速吸入空气。一个更大的身体,意味着体积和表面积也更大,将需要配备更大的气门和更强大的肌肉来运转身体。这将产生进一步连锁反应:身体其他部位的可用空间减少,气体交换的时间变长,气管变厚以确保个体能在大气压下不被身体的重量压扁,等等。

　　在石炭纪,地球的大气氧含量要比现在高得多,体型巨大的昆虫也确实存

（∧）有些昆虫的呼吸系统包括气囊,当气门（蓝色）关闭时,可以容纳更多的空气

在。然而昆虫的体型还受到外骨骼的限制。如果外骨骼需要支撑更大的体重,那就需要增厚,而这会使昆虫行动缓慢笨拙,难以生存。

（∧）现代昆虫中体重最大的昆虫——巨沙螽（*Deinacrida heteracantha*）。昆虫的体型受大气中氧气含量的限制

气体交换

地球的大气层中 78% 的气体是惰性氮气，此外还包含两种对生命至关重要的气体——氧气和二氧化碳。动物生存需要氧气，而植物可以将动物产生的二氧化碳转换成氧气。

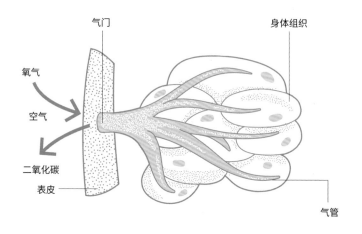

Ⓐ 空气进入表皮上的气门，沿着气管的分支到达身体各个组织细胞，并直接进行气体交换

正如我们所见，昆虫可以通过腹节上成对的气门从大气中吸入空气。而在昆虫体内，空气通过狭窄的分支系统——气管。气管系统中最小的末端分支——微气管，可以直接向细胞输送空气。

微气管的末端，也就是其与体细胞接触的地方，充满了液体，气体从两个方向溶解于这种液体中：氧气由微气管进入液体，二氧化碳由体细胞进入液体。这两种气体的相对浓度决定了各自的运动方向：都从浓度高的区域向浓度低的区域扩散。因为氧气是通过气管进入并被身体细胞消耗，它在细胞中的浓度较低，所以会向细胞方向扩散。相反，二氧化碳是由细胞产生的，所以它将向细胞外扩散，通过气管系统离开身体。这些细胞在消耗氧气时会产生水汽，其中一些水蒸气也会以同样的方式离开身体。不过如果需要的话，昆虫也可以通过关闭气门来重新获得水汽。

呼吸作用

与其他动物一样，昆虫的能量主要来自葡萄糖，而葡萄糖来自昆虫的食物或其体内储存的糖原分子（实际上是葡萄糖结合而成的支链多糖）。分解葡萄

> 采食花蜜和花粉的蜂虻（蜂虻科）正在悬飞，这是非常消耗能量的

糖分子释放能量的化学反应需要氧气。这一反应发生在细胞内，化学方程式如下：

$$C_6H_{12}O_6（葡萄糖分子）+6O_2 \rightarrow 6H_2O+6CO_2+E（能量）$$

这一过程中产生的二氧化碳将被释放到大气中，有助于植物进行光合作用。然而，当大气中二氧化碳含量过多时，光合作用的速率增加，这意味着植物将产生过量的葡萄糖，从而削弱对植食性昆虫的防御能力，造成植物和昆虫种群的失衡。

> 马来西亚巨人盾螳螂（*Rhombodera basalis*）是世界上体型较大的昆虫之一，可以长到 12 厘米。昆虫的被动气体交换系统限制了它们的体型大小

循环系统

脊椎动物通过血管在肺和身体组织之间运送气体。昆虫进行气体交换的方式与脊椎动物截然不同，它们拥有一套液体循环系统，可以将其他物质输送到身体各处。

与人类循环系统最明显的区别是，昆虫具有开管循环系统。它们的"血液"血淋巴并不在血管系统中运行，而是自由地流经整个体腔（血腔）。不过，昆虫体内也有一个"泵"来保持血淋巴的流动，就像我们的心脏泵血一样。这个结构——背血管的腹部部分，通常被描述为昆虫的心脏，尽管它的结构与真正的心脏截然不同，但功能与心脏相似。

背血管是一根从昆虫腹部伸达头部，纵贯于身体背面中央（大约是脊椎动物脊椎的位置）的管道，但只有腹部那部分的背血管起着泵的作用。昆虫的背血管与身体一样也分节，每一节都有可重复扩展的部分。它们有单向的、带瓣膜的开口，称为心门，心门连接到血腔并允许血淋巴进入。当背血管周围的肌肉收缩，心门关闭，血淋巴向上流动至头部；当肌肉放松时，心门打开，血

ⓥ 昆虫的循环系统：背血管和辅搏器推动血淋巴流经全身，身体某些部位的隔膜和瓣膜帮助引导血淋巴的流动

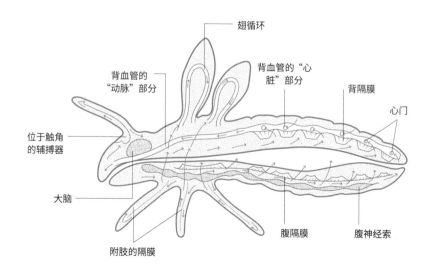

翅循环

背血管的"动脉"部分

背血管的"心脏"部分

背隔膜

心门

位于触角的辅搏器

大脑

附肢的隔膜

腹隔膜

腹神经索

所有有翅昆虫都有一个网状的循环系统
支撑着翼膜。某些昆虫的翅脉非常发达，例
如泥蛉科物种

淋巴通过心门进入血腔。

背血管的胸部部分有时被称为动
脉，因为它（像脊椎动物的主动脉那
样）是一个大管道，可以将血液从"心
脏"运送出去。血淋巴通过动脉进入
血腔的头端。有些昆虫能通过额外的心
门从"心脏"泵出一些单向的血淋巴输
送至邻近的肌肉，使液体流出。还有些
昆虫在血腔的狭窄部位有额外的辅助
"泵"（辅搏器），用来将血淋巴推到
身体的特定部位，如触角。

血腔

血腔的空间很大，占据着头部、胸
部以及腹部的大部分区域。虽然体腔也
包含许多结构，但这些结构处于纵贯的
通腔中，血淋巴能够自由流动到身体的
各个组织。在身体的某些部位长有隔膜

和瓣膜，确保血淋巴单向流动，血淋巴
也通过这样的循环系统单向流经翅膀。
这个循环系统依托于一个开放式的血
腔，而不是狭窄、封闭的血管，这也是
限制昆虫身体尺寸的因素之一。因为随
着体型增大，昆虫体内血淋巴的流动受
到重力作用的阻碍就会更大。

蟋蟀的触角基部具有辅搏器，其功能就
像一颗微型心脏，将血淋巴泵入触角

血淋巴

血淋巴是昆虫受伤时从体内渗出的黄色或绿色的液体，它遍布昆虫的全身组织，具有许多重要的功能。

人类的血液因充满了富含铁、携带氧气的红细胞而呈现红色。如果把红细胞拿掉，剩下的液体（血浆）是黄色的，很像昆虫的血淋巴。血淋巴具有与血液类似的功能，比如将水、营养物质、盐、废物和激素输送到全身，以及参与身体的免疫反应和温度调节。当幼虫蜕皮时，血淋巴也起着重要的作用。

有些昆虫会故意释放血淋巴作为一种防御机制，比如芫菁（芫菁科）的血淋巴中含有斑蝥素，这是一种能引起刺痛灼伤的毒素。白杨螺旋瘿蚜（*Pemphigus spyrothecae*）群居在虫瘿中，兵蚜会选择牺牲自己来保护整个族群：兵蚜释放出黏稠的血淋巴，使自己的身体黏在捕食者身上，使捕食者无法动弹。

血淋巴的主要成分除了水分，还有氯、钾和其他金属盐，以及氨基酸、蛋白质、葡萄糖、较大的碳水化合物和脂肪等有机物分子。血淋巴还可以携带

⚈ 当昆虫从蛹中羽化而出时，它需要将血淋巴泵入翅脉中，使翅膀扩张并平展，然后才能飞行

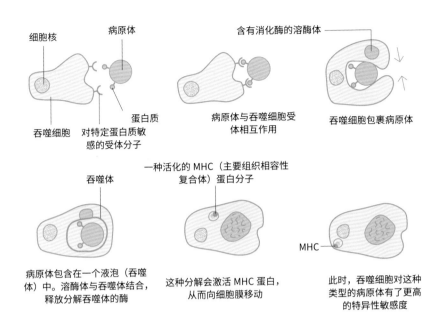

细胞核　病原体

吞噬细胞　对特定蛋白质敏感的受体分子

蛋白质

含有消化酶的溶酶体

病原体与吞噬细胞受体相互作用

吞噬细胞包裹病原体

吞噬体

一种活化的 MHC（主要组织相容性复合体）蛋白分子

MHC

病原体包含在一个液泡（吞噬体）中。溶酶体与吞噬体结合，释放分解吞噬体的酶

这种分解会激活 MHC 蛋白，从而向细胞膜移动

此时，吞噬细胞对这种类型的病原体有了更高的特异性敏感度

⌃ 吞噬作用：吞噬细胞吞噬并摧毁病原体，并在此过程中增强对这种病原体的敏感度

消化产生的废物，如尿酸。在一些物种中，血淋巴中还含有防冻剂，以帮助昆虫在0℃以下顺利冬眠。在极少数昆虫中，例如石蝇，其血淋巴含有一种叫作血蓝蛋白的分子，这种分子（类似于脊椎动物红细胞中的血红蛋白）可以结合并运输氧气。血蓝蛋白在其他节肢动物中很常见，但在昆虫中，气管呼吸系统基本已取代其运输氧气的作用。

当幼虫准备蜕皮时，它可能会在血淋巴中保留额外的水分，以辅助表皮破裂。在蜕皮后、新的表皮变硬之前，昆虫会将血淋巴泵入身体的某些部分，使其长得更大。从幼虫（或蛹）到成虫的最后一次蜕皮，血淋巴再分配需要花费

较长的时间，昆虫的身体也将为新的、前所未有的生命阶段做好准备。

血细胞

血细胞是血淋巴中携带的细胞。大多数血细胞具有吞噬功能，这意味着它们可以吞噬并分解血淋巴中不需要的细胞，如细菌和其他病原体，同时也可以分解昆虫自身的死亡细胞。一些幼虫的血细胞，能够攻击和摧毁寄生蜂的卵。有关不同类型的血细胞及其在昆虫免疫系统中的功能，请见本书第182页。

独特的适应类型

昆虫在体型和生活方式上的多样性，自然促使了它们的循环系统和呼吸系统在功能上的多元化。

在某些昆虫幼虫中，特别是那些生活在水中或非常潮湿的环境中的种类，其体内的血淋巴可以占据身体重量的近50%。这些昆虫幼虫的表皮很薄，身体柔韧度高。但这也意味着它们的外骨骼不够坚固，大量的体液支撑着身体。毛毛虫的腹足着生于胸足后面，其肌肉组织非常有限，主要由血淋巴的流动提供动力。

有些昆虫，比如某些飞蛾、蜻蜓和苍蝇，都通过复杂的血淋巴流动系统来调节体温。它们的身体下部有一层肌肉膜（腹横隔膜），可以将血淋巴从胸腔（身体大部分的热量由胸部的飞行肌产生）泵向腹部，帮助身体散热。

与生活在海平面或低海拔地区的昆虫相比，生活在氧气浓度低的高海拔地区的类群往往体型更小。体型小意味着更难保持身体的热量（这就是为什么在脊椎动物中，寒冷气候地区的物种体型会更大，而非更小），所以高海拔地区的昆虫物种相对较少。然而，通过对果蝇的研究发现，在低氧环境中饲养的果蝇幼虫会生长出额外的气管分支来补偿发育。

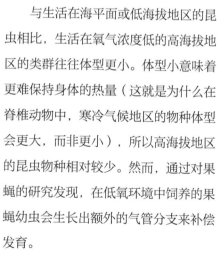

⊙ 毛毛虫的腹足位于身体的后半部分，在血淋巴的流动下，腹足能够有力地抓握住枝条

水下呼吸

在水下生活的昆虫有几种获取氧气的方式。有些昆虫，比如某些食蚜蝇的

鼠尾蛆幼虫，尾部有一根又细又长的管子或呼吸管，可以伸出水面。龙虱可能会把空气困在鞘翅下。蜉蝣的稚虫有羽毛状的气管鳃，水中的氧气可以通过气管鳃直接扩散到身体组织内；而蜻蜓的稚虫水虿（蜻蜓目昆虫的幼体通称水虿）有内部的鳃，可以通过直肠吸收进入身体的氧气。蜉蝣的稚虫只有在流动的水中才能吸收氧气，因此它们会通过不断扇动气管鳃来保持水的持续流动。

⋀ 蜉蝣稚虫的腹部长有突出的气管鳃

⋁ 食蚜蝇中管蚜蝇属的幼虫——鼠尾蛆生活在水里，有长长的呼吸管

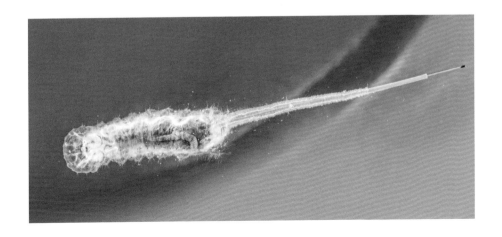

激素

随着昆虫的成长和性成熟，其体内发生的许多复杂过程都受到激素的影响，激素通过血淋巴在体内循环。

激素有时被描述为"化学信使"。激素到达靶细胞时会引起一些生理变化。例如，促前胸腺激素和蜕皮素共同作用，触发幼虫蜕皮过程的身体变化。幼体中的保幼激素使虫体在每一次蜕皮都能维持幼虫特征。随着幼虫的生长，保幼激素逐渐减少。当幼虫化蛹时，则几乎检测不到保幼激素。在具有不同形态的成虫的物种（例如蚂蚁和白蚁中的工蚁和兵蚁）中，激素会引导它们沿着特定的方向发育。

分泌各种激素的身体组织统称为内分泌系统。激素是由特定的结构（腺体）或身体部位（尤其是大脑）的特定区域产生的，然后释放到血淋巴中，并适时与靶细胞的细胞膜结合。有些激素是蛋白质，有些则是脂质，还有一些是由氢和碳链组成的萜烯类芳香分子。

⊙ 如果保幼激素（JH）在蚕蛾幼虫体内受到抑制，在其下一次蜕皮时将直接化蛹而不是继续以幼虫形态生长，进而羽化为一只微型成虫。它的外观很精致，如果是雌性，也可以产生正常大小的卵

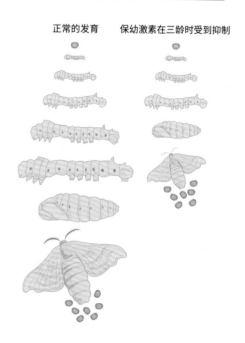

正常的发育　　保幼激素在三龄时受到抑制

激素的变化

　　干扰激素的分泌可能会影响昆虫的发育。例如，如果将一只飞蛾幼虫的保幼激素分泌腺移除，它将在下一次蜕皮时化蛹，而不是过渡到下一个幼虫阶段，进而羽化成一只微型飞蛾。合成干扰昆虫生长的激素以控制害虫，已经成为一个新兴的研究领域。某些化学物质可以模拟天然激素的功效，致使昆虫死亡或无法性成熟。这种控制害虫的手段可以不伤害非目标物种（或人工繁殖类

⊙　成年昆虫的激素变化将引发交配行为

⊙　分泌信息素来吸引配偶的过程是受激素控制的

群），但目前人工合成的成本高，使用难度大（因为它们在环境中会很快失去活性）。

7

生殖系统

昆虫幼虫一旦长成，就会在激素的指示下，求偶繁殖。对许多昆虫物种来说，这是它们短暂的成年期唯一认真追求的事情。不同的物种进化出了不同的形态和行为方式，以应对卵子和精子结合时面临的挑战。

- 雄性生殖系统
- 雌性生殖系统
- 交配与受精

- 单性生殖
- 产卵
- 特殊的类型

▷ 交配可能是一件相对平和的事情，但是生殖需求带来的两性竞争比较激烈，昆虫因此进化出一些显著的形态结构和行为方式

雄性生殖系统

昆虫具有雌雄两种性别。正常情况下，雄性昆虫产生精子，在交配时将其传递给雌性。不过在某些情况下，雄性不需要参与繁殖过程。

有性生殖通常涉及两种配子（精子和卵子）的结合。大多数物种的雄性都会产生大量的精子，这些精子是可以自由移动的细胞。由于精子细胞很小，因此形成它们的内部器官也相对较小，雄性昆虫（在大多数情况下）比雌性昆虫体型小，身体更轻，腹部也更细。

精子在精巢内发育，精巢是一个膜状的小袋，被周围的气管"网"固定在体腔后部。大多数雄性昆虫有两个精巢，每个精巢都有一个导管——输精管。在一些更原始的昆虫物种中，有的昆虫只有一个精巢，而另一些昆虫的两个成熟的精巢融合成一个器官，不过这个器官仍然有两根输精管，从精巢出来后，两根输精管会在一处合并为一根射精管；在交配时，精子通过射精管到达雌性的身体。输精管中段有一个突起，称为贮精囊，可以暂时储存精子。昆虫身体的外部有一个硬化的突起，相当于高等脊椎动物的阴茎，被称为阳茎，在交配时进入雌性体内输送精子。尾铗（腹部最后一节的成对附肢）可以帮助雄性在交配时牢牢抓住雌性的身体。

许多物种的雄性在成年后会产生大量的精子，并不断寻找交配机会。因此，

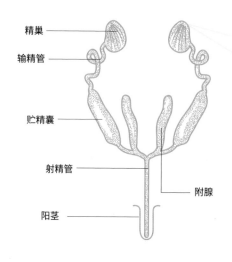
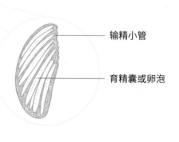

精巢
输精管
贮精囊
射精管
附腺
阳茎

输精小管
育精囊或卵泡

◁ 雄性昆虫生殖系统的结构示意图。精子在精巢中形成，先通过输精管，然后通过射精管，最后通过阳茎到达雌性昆虫体内

它们往往比雌性更活跃，也比雌性走得更远。一般雄性的进食时间也更短，因为它们需要的额外营养更少。有些雄性甚至根本不进食。

（∧）从上到下依次是：蜂后、雄蜂和工蜂。雄蜂的存在只是为了与蜂后交配

外生殖器

精子竞争在一些昆虫群体中很普遍。当交配行为频繁发生时，雄性就会想办法以确保自己交配成功，并让其他雄性无法得逞。在蜻蜓和豆娘中，雄性进化出了完整的第二生殖器——外生殖器。外生殖器位于腹部下方，靠近胸部。雄性在交配前将精子转移到外生殖器中，当其与雌性交配时，雌性将腹部的尖端与雄性的外生殖器相连，以接收精子。另外，雄性的外生殖器还有一个微小的可延展的结构，可以在其输入新的精子前，移除雌性体内先前储存的所有精子。

（∨）雄性锹甲比雌性大很多。但由于雄性的生殖器官普遍较小，因此通常情况下，雌性昆虫的体型比雄性昆虫更大

雌性生殖系统

　　对于雌性昆虫而言，形成卵子是一个耗时长且需要很多营养的过程，因此雌性昆虫的生殖器官比雄性的大。雌性昆虫的生殖系统比较复杂，这样才能让卵子输送至正确的部位。

　　雌性昆虫产生的配子，即卵子，是巨大的单细胞，它会为之后的胚胎发育提供丰富的卵黄。因为雌性产生的卵子数量通常比雄性产生的精子少得多，所以雌性在每个卵子上投入了更多的时间和营养。雌性昆虫的交配次数往往较少，而且（如果可能的话）对伴侣比较挑剔。在某些情况下，雌性昆虫只会交配一次。

　　卵子由卵巢产生。雌性昆虫有两个卵巢，通过一对输卵管与外部相连。卵子离开卵巢后，不久会汇聚到一根输卵管中。卵子在卵巢管中形成，获得由脂肪体（见第 83 页）合成的特殊卵黄脂肪和蛋白质。卵子在卵巢管或输卵管中受精，在向外输送的过程中，卵子获得由各种腺体分泌的保护性覆盖物。

　　在交配过程中，雄性的阳茎进入雌性的身体并输入精子。在某些情况下，这一过程发生在雌性生殖道的生殖腔（也被称为交配囊）中。通常情况下，雌性不只有一个受精囊，这也是雌性生

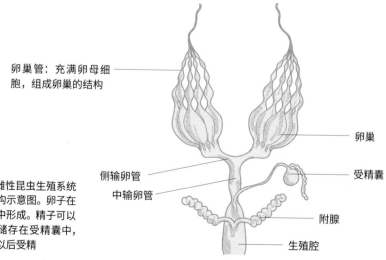

卵巢管：充满卵母细胞，组成卵巢的结构

卵巢

侧输卵管

受精囊

中输卵管

附腺

生殖腔

　　⊙ 雌性昆虫生殖系统的结构示意图。卵子在卵巢中形成。精子可以暂时储存在受精囊中，以便以后受精

⊼ 一些蜻蜓有镰刀状的产卵器，可以在水下的植物上划洞产卵

⊼ 雌性瓢虫需要吃掉大量的猎物为卵子的形成提供营养

⊼ 蝴蝶利用足、触角和腹部尖端的化学感受器寻找合适的叶子产卵

⊼ 一些独居的蜂类有长长的针状产卵器，它们将卵注入生活在腐烂木材深处的甲虫幼虫中

殖道的出口，雌性将最近交配得来的精子储存其中，以备以后使用。因此，雌性可以决定哪些精子可以用来受精。

雌性昆虫通过产卵器或产卵管产卵。产卵器的形态可能非常小且没有明显的突出，也可能比较大并且有一些突起，这取决于雌性的产卵方式。比如，蠢斯和一些蜻蜓有长长的镰刀状产卵器，它们用产卵器切开植物并产卵；寄生蜂拥有针状产卵器，可以刺入寄主的身体。产卵器可以部分伸缩或完全伸缩。

尾针

在蜇人的蜜蜂和胡蜂中，它们的尾针实际上是改良的产卵器，头部尖，可伸展，有时有倒钩，并配有毒腺。尾针可以用来防御，在某些情况下还可以杀死猎物。这些物种实际的产卵过程不再用到产卵器，它们已经进化出单独的开口结构用来产卵。

交配与受精

当昆虫到达成虫阶段，它们的首要任务就是繁殖。找到伴侣并成功交配并不简单，但繁衍后代的动力会使昆虫克服所有障碍。

当卵子与精子结合时，产生的胚胎携带着父母双方的组合基因，这确保了整个种群遗传的多样性，有利于物种的繁衍，地球上的大多数物种都是通过这种方式繁衍的。然而，要完成上述过程，雄性和雌性需要找到对方并进行交配。昆虫通过视觉和化学线索来定位潜在的伴侣。雄性通常花大量的时间来寻觅雌性，而雌性将更多的时间用来进食和寻找合适的产卵地点。在一些物种中，雄性通过求偶表演来展示自己健康

的体魄，而雌性只允许印象最深刻的雄性与自己交配。在某些情况下，雄性会为雌性提供食物以换取交配机会。

交配通常要通过雌雄昆虫的生殖道出口，即腹部尖端直接接触来完成。为了做到这一点，雄性可以爬到雌性的背上，或者二者可以背对背进行。尾须有时可以用来帮助抓握，比如蜻蜓和豆娘

ⓥ 交配后，雄性螳螂会为后代献出自己的生命。雌性会吃掉雄性，以获得营养，提高产出的卵的质量

⌃ 雌性蟨斯收集雄性储存的精囊

⌃ 雄性豆娘将精子转移到胸部下方的外生殖器内。雌性用腹部末端的生殖腔接收精子

在交配时，雄性会用尾铗抓握雌性的头部后方。

在一些昆虫中，比如衣鱼和蟨斯，它们不进行交配，而是雄性提前储存一个精子"包裹"（精囊），雌性通过生殖器开口将精囊带进体内。雄性可以把精囊带给它的配偶，或者把雌性引到它存放精囊的地方。

受精

每个精子和卵子都分别含有父母一半的基因，受精时，这组基因位于原核（相当于其他细胞的细胞核）中。卵子是一个充满卵黄的大细胞。当精子游向卵子时，它会从精孔进入卵子内，最终到达卵子的原核。在脊椎动物中，一旦精子到达卵子，两者的原核就会融合在一起，形成一个拥有完整基因的单细胞（受精卵）。然后这个细胞就会开始分裂。而在昆虫中，这两个原核仍然是分离的，它们只有在各自完成一次细胞分裂后才会融合，并且之后的细胞分裂过程也与脊椎动物有所不同（见第180页）。

在大多数昆虫中，性别是由遗传的性染色体（X）决定的。雌性有两个X，雄性只有一个X，所以每个卵子都会有一个X，但只有50%的精子有X。因此，昆虫的性别取决于卵子是由带有X的精子受精（产生XX的雌性胚胎）还是由不带有X的精子受精（产生X的雄性胚胎）。

单性生殖

昆虫的卵子发育为幼虫不一定需要受精作用。单性生殖就是利用未受精的卵子进行繁殖的过程，这在许多昆虫中都能够观察到。

在某些昆虫群体中，单性生殖是一种自然的、规律性发生的生殖方式，这种生殖方式常见于蚜虫、竹节虫、群居蜜蜂、蚂蚁和胡蜂中。以蜜蜂为例，蜂后在性成熟后会很快进行交配，用储存的精子使卵子受精，并孵化出基因上的雌性幼虫，其中的大多数个体将成为工蜂。如果幼虫只吃蜂王浆，它们就会变成蜂后。然而，蜂后也会产下未受精的卵子，每个卵子带有它一半的染色体，这些未受精的卵子会发育成雄蜂，与新一代蜂后进行正常的交配。

⊙ 蚜虫可以通过单性生殖很快地建立一个庞大的族群

在蚜虫身上，这种机制是不同的。由于无翅的雌性蚜虫的卵子不经过减数分裂就可以发育成熟，于是它会产下自己基因的克隆个体。减数分裂是细胞分裂的最后一个特殊阶段，在大多数情况下，减数分裂后，染色体数目将会减半。单性生殖不需要交配，所以理论上一只雌性蚜虫在一个季节可以产生超过10亿个后代。如果没有较高的被捕食率，蚜虫的数量很快就会淹没它的寄主植物。当夏季结束时，雌性会产下有翅雌蚜，也会通过单性生殖产下有翅雄蚜。这些雄性比它们的姐妹少一条性染色体。有翅蚜虫从寄主植物上分散开来，并通过两性交配完成受精。雌虫将受精卵产在新的寄主植物上，第二年春天，这些卵将孵化成无翅雌蚜，然后继续上述循环。

幼体生殖

幼体生殖，即昆虫在幼虫阶段进行的生殖，包括雌性幼虫体内的未受精卵发育成新一代幼虫。这种罕见的繁殖方式存在于少数已知的物种中，如瘿蚊和甲虫。幼虫通常会吃掉其母亲的身体，在幼体生殖的个体真正进入化蛹阶段之前，这样的过程可能会重复多次。

Ⓐ 瘿蚊科昆虫是已知发生幼体生殖的昆虫类群之一

Ⓑ 蜂后不需要交配就能繁育雄蜂后代，但要繁育雌蜂后代就必须与雄蜂交配。雌蜂（工蜂和蜂后）是二倍体（它们分别有16对染色体，总共32条），雄蜂是单倍体（染色体不成对，总共16条）

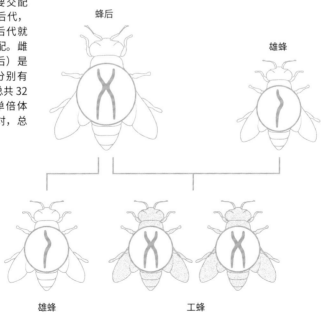

蜂后

雄蜂

雄蜂   工蜂

求偶和交配行为

繁殖的动力促使昆虫演化出一些奇特、复杂的行为，包括竞争、胁迫等。在少数情况下，还包括合作。

动物选择潜在配偶的方式与它们为后代提供的亲代关怀程度有很大关系。在共同养育后代的动物中，求偶过程通常需要精心设计，并持续很长时间。两性扮演着平等的角色，双方都会评估另一方潜在的育儿能力。然而，在许多物种中，幼体只从母亲那里得到照顾。在更多的物种（包括几乎所有的昆虫）中，一旦产完卵，雌雄双方就完全不照顾后代了。在这种情况下，求偶行为往往仅限于雄性向雌性展示自己强壮的身体，同时赶走其他雄性。

一些雄性昆虫，例如蝴蝶和蜻蜓，会建立和守卫自己的领地，使其不受其他雄性

ⓐ 一对蜣螂合作制造粪球，雌性蜣螂最终会在粪球中产卵

的侵犯。它们可以从高处监视领地，也可以飞行巡逻。任何入侵的雄性都会被赶走，这样当雌性靠近时，就不会受到其他雄性的干扰。雄蝶的翅膀上通常有特殊的发香鳞，当它们想接近雌蝶时，就会通过行走或飞行慢慢贴近，并扇动翅膀，把发香鳞的气味传到雌蝶身上。一场程式化的求偶仪式会随之而来，例如，当雌性绿豹蛱蝶 (*Argynnis paphia*) 直线飞行时，雄性绿豹蛱蝶会绕着它转。

⌄ 触角相互接触是许多昆虫求偶仪式中的一部分

⌄ 雄性长舌蜂从兰花中收集香味，不过它们是否将这种香味作为求偶的一环，目前尚不清楚

领地行为是一种精心策划的求偶行为，在这种行为中，若干雄性昆虫将相邻的小领地合并到一起，在彼此的视线和声音范围内进行求偶表演。产自中美洲和南美洲的长舌蜂（*Eulaema meriana*），会组成一个求偶团，雄性长舌蜂通过扇动翅膀发出嗡嗡的声响、展示腹部的黄色斑纹来求偶。雌性观赏雄性的表演，并选择其中印象最深刻的作为交配伴侣。

出双入对

在昆虫中，雄性和雌性维持一夫一妻的关系是非常罕见的。但也有例外，例如，蜣螂会成对地一起制造一个粪球以养育它们的后代；白蚁群中的蚁王和蚁后也可能一起生活多年；濒危的豪勋爵岛竹节虫（*Dryococelus australis*）偏爱与自己的固定伴侣交配。

产卵

　　雄性昆虫通常在交配后就会结束其繁育活动，但雌性昆虫还有另一项重要的任务——寻找合适的产卵场所，以便幼虫茁壮成长。

　　并不是所有昆虫都会小心翼翼地把卵放在合适的地方。有些蝴蝶，如阿芬眼蝶（*Aphantopus hyperantus*），就不考虑产卵地点是否合适，而让卵自由下落。与之相反，一些独居的蜜蜂和胡蜂在洞穴中产卵，甚至用黏土建造复杂的巢穴当产卵场所。某些独居的蜜蜂在陈旧的蜗牛壳内产卵：它会在壳的螺旋中心建造一个巢室，并用小石子堵住其余部分，以保护巢穴免受捕食者的攻击。蜣螂成双成对地工作，一起制作并掩埋粪球，粪球既是幼虫孵化的场所，又是幼虫的食物来源。

　　有的昆虫生产时只产一颗卵，有的昆虫生产时产卵团（几颗至几十颗卵）。以植物为食的昆虫，如盾蝽和许多鳞翅目物种，会在寄主植物上产下一个大而紧密的卵团，其幼虫在很小的时候会紧紧地聚在一起。活跃的捕食性昆虫通常对产卵地点不那么挑剔，它们倾向于产单颗卵（主要是为了降低同类相食的风险）。

　　▽　阿芬眼蝶是少数几种不直接在植物上产卵的蝴蝶之一

ⓐ 壁蜂一旦产下卵，就会用碎片堵住巢穴的入口。它的幼虫成年后会在这里挖出一条路

ⓐ 蝽象产卵团，孵化后的幼虫将共同生活

如果卵需要牢固地附着在基底上，它就会自带一层黏性涂层。草蛉卵的涂层黏在基底上，雌性抬起腹部时会延伸出一根细丝，这根细丝会在空气中逐渐变硬，最后卵黏在细丝的顶端。细丝使卵保持在远离基底的位置，使其不易受到捕食者的攻击。蠹斯和叶蜂会把它们的卵藏在植株的一个切口里，这个切口是其用锋利的产卵器划开的。许多蜻蜓和豆娘也有锋利的产卵器，可以切开水下的植被，从而形成一个产卵的场所。丝螺属豆娘可以在水面的植物上产卵，并在茎上留下成排的疤痕，这是它们活动的明显标志。

丽蝇直接在腐肉上产下一簇簇软壳卵。为了争夺食物，卵很快就孵化，因为时间紧迫——随着细菌的作用，鲜肉很快腐烂，同时，不同种类的食腐动物会为争夺资源展开激烈的竞争。

胎生

虽然大多数昆虫以卵的形式诞下后代，但也有少数昆虫能够直接产下幼虫。当正常的、充满卵黄的卵在雌性生殖道内形成并完成孵化，雌性就可以直接产下幼虫。以舌蝇为例，孵化的幼虫在整个幼虫阶段都留在雌性体内，消耗雌性体内储存的营养物质。当它们完全长大并准备化蛹时才会脱离母体。没有蛹期的蚜虫一出生就长得像它们没有翅膀的母亲。捻翅目昆虫一生中的大部分时间都寄生在其他昆虫体内，它们不产卵，而是直接产下胚胎，胚胎周围没有任何外壳或膜，它们通过渗透作用从母体中获取营养，直到作为能够独立生活的幼虫出生。

特殊的类型

由于昆虫成年后寿命很短，它们需要快速有效地完成繁殖，这种需求导致了一些非凡的形态和行为的进化。

广义地说，在交配方面，成年雄性昆虫的目标是尽可能多地留下后代，而雌性昆虫的目标是选择"最好的"配偶来交配和受精。二者的目标有时不一定是相契合的。雄性为了阻止雌性选择其他异性，并捍卫自己的父权，它们会试图使用交配塞：在雌性的生殖道设置一个物理障碍，使其不能再次交配。这在一些蜜蜂和蝴蝶身上可以看到。雄性田鼠绢蝶（*Parnassius smintheus*）的精子被包裹在一个蜡塞中，蜡塞也会释放化学物质，阻止其他雄性绢蝶接近雌性（这个塞子也含有促使雌性形成卵的营养物质）。

在螳螂中，雄性通过牺牲自己，即被配偶吃掉，来增加生育后代的机会。雌性交配后吃掉雄性会产下更多的卵。

昆虫的精子细胞通常非常小，但数量很多。而果蝇产生的精子数量很

⊙ 雄性田鼠绢蝶的生殖道中有蜡分泌腺来产生交配塞

少，但比其他昆虫的精子细胞要大得多。二裂果蝇（*Drosophila bifurca*）的精子全长超过 5 厘米，是所有动物精子细胞中最长的。人们认为，经过多代繁衍后，雌性昆虫更倾向于选择能产生更大精子的雄性，因为这可能表明它更健康，能够调用更多的身体资源来制造这些"超级精子"。

雌性寄生蜂——多胚跳小蜂（*Copidosoma floridanum*）在其寄主体内只产下 1~2 颗卵，但每颗卵将产生 2000~3000 个胚胎，这些胚胎全部是由单个初始受精卵形成的克隆体。更特别的是，其中一些胚胎会发育成特化的大颚幼虫，而且永远不会变成成虫。这些特化的幼虫以"士兵"的身份在寄主的身体里"游荡"，并杀死它们遇到的非同类的寄生性幼虫，从而消除自家兄弟姐妹的竞争对手。当多胚跳小蜂的正常幼虫从寄主中孵化直至化蛹时，"士兵"就会死亡。每个胚胎的命运取决于它是否在细胞分裂过程中形成初级生殖细胞，没有形成初级生殖细胞的胚胎将成为"士兵"。

失去选择

雄性动物为了应对雌性选择配偶而进行的进化斗争，在床虱（臭虫科）中得到了证实。雄性床虱完全绕过雌性的

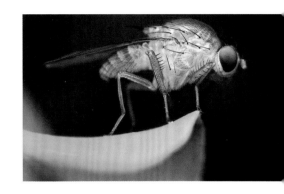

⊻ 能够产生异常大的长尾精子的果蝇

⌃ 雌性螳螂具有特殊的腺体，可以分泌一种致密的泡沫状物质，并将其覆盖在卵簇上，这样可以避免卵被捕食

生殖道，选择在雌性的腹部表皮上刺一个洞，并将精子释放到其体腔的存储区（受精储精器），这种方式被称为"创伤性授精"，其中，受精储精器有助于治愈雌性的伤口。如果一只雄性床虱给另一只雄性床虱授精（有时一些个头异常大的雄性床虱会被其他雄性误认为是雌性），被授精的雄性床虱会严重受伤，甚至可能死亡。

入侵性昆虫

入侵物种指的是被引入本土以外地区的物种，并在该地广泛传播，且以某种方式破坏该地生态系统的物种。

地球上的大多数国家都经历过入侵物种造成的灾害。在英国，来自北美东部的灰松鼠已经基本消灭了英国本土的欧亚红松鼠；北美本土的洞巢鸟类，如蓝知更鸟，受到来自欧洲的麻雀和普通椋鸟的威胁；澳大利亚的入侵物种名单很长，包括兔子、甘蔗蟾蜍，甚至还有蜜蜂，这些蜜蜂从人类管理的蜂巢中逃出来，形成野生群落，现在这些蜜蜂的野生群落的筑巢点甚至超过本土的哺乳动物和鸟类。

当一个物种被引入一个新的地区时，它很可能与占据同一自然生态位的本地物种形成竞争。那些具有侵略性的物种在竞争中胜出，甚至能够轻易消灭本地物种。20 世纪 70 年代，人们有意将异色瓢虫（*Harmonia axyridis*）引入北美，以控制虫害。但当它们捕食破坏庄稼的蚜虫的同时，也以其他本土瓢虫的卵和幼虫为食，致使许多北美本土瓢虫数量减少。

有几种蚂蚁已经成为世界公认的入侵物种。阿根廷蚂蚁（*Linepithema humile*）已经

⌄ 偶然被引入北美的异色瓢虫捕食蚜虫，同时也捕食其他本土瓢虫的卵和幼虫

⌃ 百合负泥虫会破坏大型观赏花卉如鸢尾花、百合和贝母

⌃ 阿根廷蚂蚁是一种毁灭性的入侵物种，现在在世界许多地方都有发现

在世界许多地区建立了种群，并能够轻松取代当地其他蚂蚁种类。各种入侵蚂蚁是贪婪的捕食者，它们会伤害其他动物，包括脊椎动物。阿根廷蚂蚁还可能通过保护和鼓励以树液为食的蚜虫和介壳虫种群，破坏森林。

　　昆虫进入新的地区通常是偶然的。它们常以卵或幼虫的形态进入水果、蔬菜、木材和木制家具的运输中。因此，一些国家，如新西兰，有严格的生物安全规定，境外游客不允许携带任何新鲜水果、蔬菜或动物产品入境。无论你生活在世界的哪个地方，如果你在包装食品或其他植物产品中发现一种陌生的活昆虫，千万不要把它释放到野外，最好控制住这种昆虫，并联系当地的动物慈善机构、自然历史博物馆或相关单位寻求建议。

寄主专一性的危害

　　许多植食性昆虫专门以一种植物为食，当它们被引到寄主植物出现的地方，而该地没有其天敌（如寄生蜂和苍蝇），它们会对寄主植物造成毁灭性的伤害。例如，黄杨绢野螟（*Cydalima perspectalis*）从远东引入西欧后，造成了黄杨严重的落叶问题；百合负泥虫（*Lilioceris lilii*）从南欧和亚洲引入北美后，专门取食百合科植物，等等。

⌄ 码头和港口应采取严格的生物控制措施，防止入侵物种的意外传播

农业害虫

自从人类开始种植并收获农作物以来，就一直在与各种昆虫作斗争，它们和人一样喜欢吃植物。

当人们开始种植一种特定的植物时，无论是在后花园还是在广阔的农田里，都是在外部世界中创造一个非自然的栖息地。单一栽培在自然界中很少发生，只有在条件恶劣到只有少数高度适应的种群能够生存的情况下才会发生。在其他地方，植物群落是自然混合的，依赖这些植物的动物往往也会利用其他植物。由于寄主植物个体的分散，那些只吃单一植物的植食性动物通常也会有分散的种群。

创造一个只有一种植物的栖息地，可能会引发特定昆虫的大规模异常，有时甚至会破坏整个地区的收成。一个著名的例子是马铃薯叶甲（*Leptinotarsa decemlineata*），这些甲虫及其幼虫实际上对马铃薯并不感兴趣，但是它们取食马铃薯叶片，从而大大降低了马铃薯的产量。农作物害虫也会危害人们种植的非食用植物，如棉蚜（*Aphis gossypii*）以棉花的茎和叶为食（也会攻击其他农作物，包括咖啡、可可、柑橘和黄瓜）。

蝗虫可能是所有吃庄稼的昆虫中最臭名昭著的。当蝗虫的数量上升到足以进入群飞阶段时，它们可以遮天蔽日般飞行很远的距离，彻底摧毁途经的各种粮食作物。蝗灾每隔几年发生一次，一旦发生蝗灾，当地就会闹饥荒，这可能导致大规模的人口迁移。

（＾） 这些玉米茎秆已被斑禾草螟（*Chilo partellus*）严重侵害了

认真监测蝗虫的数量并在其暴发时采取果断的措施，对于预防这些破坏性事件是很必要的。就像 2004 年在西非发生的蝗灾，当时约 13 万平方千米的土地上使用了杀虫剂来控制灾情的疯狂蔓延。这一行动虽然阻止了

（＞） 马铃薯叶甲原产于美国西部和墨西哥，现在已遍布北美和欧亚大陆的大部分地区

蝗虫的扩散，但作物损失高达 25 亿美元。

计算成本

　　农作物害虫会危害区域经济，而且控制作物虫害的成本也很高。非洲东部六个国家的农民仅因一种偶然从亚洲引入的飞蛾害虫——斑禾草螟（*Chilo partellus*），每年损失价值约 4.5 亿美元的玉米作物。与作物害虫的斗争有时需要大规模使用杀虫剂，但越来越多的研究致力于寻找新的、更好的方法来控制特定的问题物种，同时不影响其他昆虫（其中许多是我们与害虫斗争中的盟友）。生物工程物种——特异性病毒、细菌和其他病原体，是一个富有成效的研究领域。

⌄　使用杀虫剂喷洒作物对害虫是有效的，但可能会伤害许多其他非目标物种

⌄　蚜虫的危害非常大，部分原因是它们能迅速建立一个庞大的种群

8

卵和幼虫

对于大多数昆虫来说，生命的开始是一颗卵，它被放在一个安全且食物丰富的地方。当幼虫从卵中孵化后，它的生活目标就是吃饭和成长。昆虫幼体及其成体在外观和习性上的差异可能非常大。

- 卵的类型
- 卵的发育
- 幼虫的类型

- 喂食
- 生长和蜕皮
- 生活方式的变化

▷ 昆虫在早期阶段还面临很多威胁，为了安全起见，叶蜂幼虫会紧密地聚集在一起

卵的类型

一颗卵必须能够滋养和保护正在发育的胚胎，直到它变成发育完全的幼虫，并准备孵化。为了顺利完成这一过程，昆虫的卵进化出了各种各样的形式。

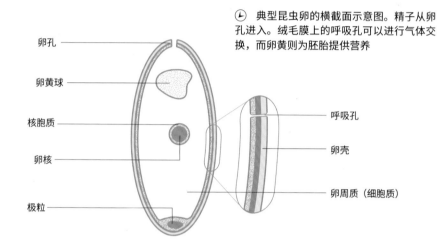

典型昆虫卵的横截面示意图。精子从卵孔进入。绒毛膜上的呼吸孔可以进行气体交换，而卵黄则为胚胎提供营养

卵孔

卵黄球

核胞质

卵核

极粒

呼吸孔

卵壳

卵周质（细胞质）

昆虫的卵包含一个正在发育的胚胎（有时卵产下时就已经是几乎发育完全的幼虫），以及供给胚胎消耗的卵黄。卵的外壳（绒毛膜）上含有被称为呼吸孔的小孔，为胚胎提供空气。有的昆虫卵具有非常柔软的绒毛膜，也有的卵绒毛膜比较脆弱。卵孔，即精子进入卵子的地方，通常是一个可见的凹陷。

昆虫卵一般很小且不能移动，因此非常容易受到捕食者的攻击。有些昆虫通过将卵产在遮蔽处或巢穴中来保护它们，但更多的昆虫是在露天环境下产卵。那些不得不在露天环境生存很长时间（例如在温带国家越冬）的物种尤其容易遇到危险，它们必须有特殊的能力保护自己的卵。例如，北欧线灰蝶（*Thecla betulae*）的卵是扁平的圆盘状，外壳厚而尖。

竹节虫的卵通常在外观和气味上都

一些蝴蝶的卵具有非常复杂的微观结构

很像植物种子，因此经常会被蚂蚁误认为是种子而把它们埋在蚁巢里作为粮食储存。这样一来，竹节虫的卵就不会受到其他捕食者的伤害，并在地下安全地孵化。那些被鸟类吃掉的竹节虫卵有时可以在鸟的消化过程中存活下来，从其体内完整地排泄出来。竹节虫可以通过这种方式扩散到新的栖息地。

水下的卵

昆虫在水中产卵需要特殊的适应能力。蜉蝣的生存方式很简单，它们产卵时没有保护措施，在产卵后1~2分钟内就可以孵化出能自由游动的稚虫。其他在水里时间较长的昆虫需要一个用来呼吸的空气层（胸板），或者把绒毛膜伸出水面作为呼吸管。产在水下的卵通常有一层厚厚的凝胶状物质，当水位下降使卵被暴露在空气中时，这种物质能防止卵变得干燥。

ⓐ 竹节虫的卵形态多样，能模拟不同植物的种子

ⓥ 北欧线灰蝶的卵需要度过寒冷的冬天，因此卵的外壳坚硬，形状扁平

卵的发育

在卵内，胚胎必须从一个单细胞成长为能够破壳而出并能够独立生活的幼虫。

一旦精子和卵子的细胞核融合形成受精卵，它的细胞核就开始分裂。在这个阶段它仍然只有一个细胞，但它内部细胞核的数量迅速增加。当数千个细胞核形成后，它们穿过受精卵形成一层覆盖在受精卵外层的细胞核，其中包含卵黄。在这里，每个细胞核在自身周围形成一层膜，各自成为一个完整的细胞。

随后，细胞继续分裂并开始分化成不同类型的组织。受精卵的一侧形成一个独特的区域（胚带），开始发育出身体组织，而其余的细胞则形成一层膜（浆膜），这层膜将胚胎和卵黄包裹在一起。胚胎细胞直接从卵黄中吸收所需的水分和营养，排出的二氧化碳通过绒毛膜的呼吸孔扩散出去。

胚带一开始是一个扁平的薄片，然后自己折叠起来。折叠后，胚带的外层细胞将发育成幼虫的表皮、大脑、神经系统，还有消化道的起始和末端（有表皮内壁）；内层细胞则发育成循环系

⌄ 蝴蝶幼虫强大的咬合力使得它的卵壳很快结束了使命

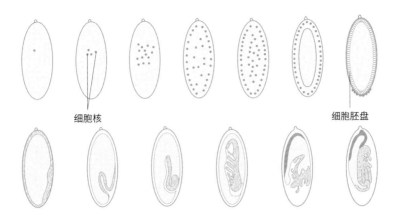

细胞核   细胞胚盘

⊙ 在正在发育的昆虫卵中，原始细胞核分裂几次，然后这些细胞核迁移到卵子的外缘，并分别形成单个细胞。这种连续但中空的单层细胞被称为胚盘，胚盘随后产生明显的褶皱，这就是胚胎发育的地方

⊙ 当昆虫卵快要孵化时，卵壳往往会变成半透明状，里面的幼虫清晰可见

统、内生殖器和肌肉。另外，最内层的第三层细胞发育较晚，将成为消化道的中心部分，而这部分缺乏表皮内壁。随着胚带的发育，管状胚带呈现出分节的外观，幼虫的附肢开始在外部以小芽状呈现。随着胚胎的成长，卵内的卵黄逐渐被消耗。

卵的孵化

当幼虫发育完全并准备孵化时，它可能会在绒毛膜上咬一个洞而破出，或者通过绒毛膜的呼吸孔吸入额外的空气，使身体膨胀来撑破绒毛膜。在某些情况下，破碎的绒毛膜是新孵化的幼虫吃的第一顿饭。有些物种的幼虫还会吃掉遇到的同类的卵。在这种具有同类相残倾向的物种中，雌虫通常不会在同一个地方产一个以上的卵。但如果雌虫受伤了，它可能会被迫一次性产多颗卵，导致第一只孵化的幼虫会吃掉其他卵。

幼虫的类型

从蠕动、视力低下、没有足的形态成长为能够游动、匍匐、攻击猎物的蜻蜓稚虫，昆虫幼体的形态种类繁多。

经历不完全变态发育的昆虫幼虫（也就是说，它们直接蜕皮为成虫，而不经过蛹的阶段），往往孵化时就具有更成熟、更像成虫的外部形态。这种幼虫有的被称为若虫，它们通常非常灵活，有发达的足和感觉器官，比如蝗虫、蟋蟀和其他直翅目昆虫的若虫都特别像成虫。还有一些不完全变态发育，并且有一个水生稚虫阶段的类群，如蜉蝣和蜻蜓，稚虫和成虫的形态截然不同，它们对水下生活的适应力在成年时会消失，比如呼吸鳃。

以腐肉或粪便为食的苍蝇幼虫是发育最不完全的，它们在足够的食物中产卵、孵化直至化蛹。苍蝇幼虫有管状的身体，一层薄薄的身体表皮和钩状的口器，没有足和眼睛。胡蜂、蜜蜂和蚂蚁的幼虫与母亲的外观很相似，它们生活在母亲建造的富含储备粮的巢穴中。同样是膜翅目的叶蜂则以树叶为食，拥有六条用于攀爬的足，行动更加自由灵活，与蝴蝶和飞蛾的幼虫非常相似。

不同甲虫幼虫在形态和习性上有很大差异。那些在朽木中生活的幼虫看起来很像蛆，但它们长着六条明显的足和发达的咀嚼式口器。龙虱幼虫通常非常强壮，善于游泳和捕猎。瓢虫幼虫生活在树叶上，足和身体都很强壮，是灵活

⊙ 草蛉幼虫背着笨重的杂物壳，看起来像一团无生命的有机物

(∧) 蓑蛾科昆虫隐藏在自己制造的保护壳中

(<) 叶蜂幼虫在地面上聚群觅食,其紧密的排列让捕食者很难攻击

的捕食者。一些植食性甲虫的幼虫移动缓慢,像蛞蝓一样,足短小,表皮很薄。

自制的庇护所

在保护性的庇护所中生活有助于降低被捕食的风险,因此一些昆虫幼虫会自己建造巢穴。石蛾幼虫会在身体周围建造一个便携式的管状家,原材料来自水中的碎石、树枝和其他材料,它用口器内腺体分泌的丝线将这些材料粘在一起。一些生活在陆地上的蛾类幼虫也有类似作用的壳,蓑蛾科的某些物种庇护所外壳甚至可以长达 15 厘米。百合负泥虫幼虫将成堆的粪便覆盖在身体上,以保护自己免受捕食者的攻击。草蛉幼虫会把猎物的尸体放在背上作为伪装。

喂食

进食是所有幼虫的主要活动。在昆虫生命周期中最活跃的生长阶段，幼虫几乎什么都吃，不过不同种类的进食方式各不相同。

虽然幼虫还没有完全发育出一些成虫的特征，如翅膀和相关的肌肉组织以及生殖器官，但幼虫的基本摄食器官与成虫相同：带有唾液腺的口器、前肠、中肠和后肠。它们快速取食和生长的能力是众所周知的。蛾类幼虫从孵化到化蛹，体重会增加一万倍。一些常见的入侵物种，如舞毒蛾（*Lymantria dispar*），可以迅速造成大量植物落叶，伤害农作物和野生栖息地，所以被划分为害虫。

潜叶蛾的迷你幼虫生活在植物的叶子里，只吃其内部细胞。它们的危害表现在能穿过叶片的完整表层（角质层）并蛀出苍白斑点或虫道。许多种类的植物利用自身的化学毒素对植食性昆虫进行防御，但昆虫已经进化出各种方式来规避这些毒素，比如它们会在一天中植物毒素含量较低的特定时间取食植物，

⌄ 舞毒蛾幼虫成群觅食，能让整棵树的叶子都掉光

以及利用肠道中的化学物质中和毒素。

大型捕食性龙虱幼虫极为特别，当它们的个头长到极限时，会经常捕食水生脊椎动物，如小型鱼类和两栖动物。龙虱幼虫的颚能够轻松抓握并刺穿猎物，然后向其注入消化液，通过口器的凹槽吸食预消化的混合液体。

一些幼虫是食腐动物，以死亡和腐烂的有机物为食。石蛾幼虫会在生活的湖底或池塘里寻找食物。跳蚤幼虫摄食成虫的粪便（含有大量干燥的血块）。

⊼ 龙虱的蛹。成年龙虱在巢内喂养幼虫，它们把捕获的昆虫切成一口大小的碎片喂给幼虫

亲代抚育

社会性昆虫，如蜜蜂、蚂蚁、胡蜂和白蚁，会为种群中的幼虫准备食物。蜜蜂幼虫的食物是由工蜂提供的富含蛋白质的花粉和花蜜的混合物。在群居的胡蜂中，工蜂会将捕获的猎物（主要是其他昆虫）肢解，或者将腐肉切碎喂给幼虫；作为回报，幼虫会分泌一种含糖的液体供工蜂食用。

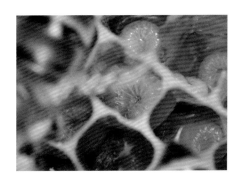

⊼ 蜜蜂幼虫被工蜂投喂"蜜蜂面包"（花粉和花蜜的混合物）

其他提供亲代抚育的昆虫会把食物直接给它们的后代。蠷螋妈妈会把有机物的小碎片带回巢中喂给幼虫，也会把反刍的食物喂给它们。太平洋甲蠊（*Diplotera puntuata*）用一种独特的富含蛋白质的身体分泌物来哺育后代（详见第 158 页）。

⊼ 白蚁搜寻腐烂的植物残余物并将其吞下，然后再反刍喂给蚁群中的幼虫

生长和蜕皮

昆虫坚硬的外骨骼为其提供了保护，但也给生长中的幼虫带来了问题。解决的办法就是进行一系列蜕皮：所有幼虫都需要经过多次蜕皮才能快速成长。

幼虫的各个蜕皮阶段被称为龄期，有时也称为生长期。刚孵化出来的幼虫被称为一龄幼虫，第一次蜕皮后就是二龄幼虫，以此类推。幼虫的蜕皮次数从4或5次到15次甚至更多。在一些物种中，雄性和雌性的蜕皮次数是不同的。在不完全变态发育的昆虫幼虫期，翅芽在较晚的龄期出现，翅膀慢慢变大，在最终羽化时完全展开。

正如前面提到的，蜕皮的时间是受激素控制的（见第100～101页），

而血淋巴的容量和流动对幼虫表皮的破裂起着一定的作用（见第96～97页）。幼虫也会主动促成蜕皮，它们拱起身子，把身体挤向表皮断裂的地方。当一只蝴蝶幼虫蜕皮时，它头部背面的表皮破裂，头部首先挣脱出来，然后，幼虫从旧的表皮中蠕动出来，旧皮像刚脱下的袜子一样皱在一起。而蜻蜓稚虫是背

⊙ 黑脉金斑蝶幼虫的不同龄期。短短几周时间，生长速度惊人

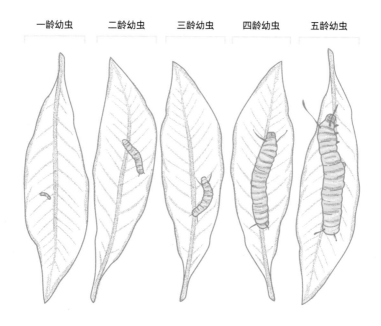

| 一龄幼虫 | 二龄幼虫 | 三龄幼虫 | 四龄幼虫 | 五龄幼虫 |

(∧) 蝗蝻（蝗虫的若虫）蜕下来的旧皮

部的表皮先断裂，稚虫通过这个裂口伸展身体、头部和足，留下像纸巾一样薄、近乎完整而坚韧的旧皮（蜕）。

刚蜕完皮的幼虫身体柔软，经过数小时或数天的时间后，表皮膨胀、硬化，这时的表皮通常看起来很苍白，颜色和图案都很柔和。这时的幼虫比较脆弱可能不太活跃，以降低被捕食者发现的概率。有些物种可能会在蜕完皮后立即吃掉旧皮。

新的外观

有些昆虫的幼虫从一个龄期到下一个龄期除了体型变大之外，外表几乎不变；而另一些物种则变化明显。金凤蝶（*Papilio machaon*）的低龄幼虫是黑色的，并带有白色的斑块，有点类似鸟的粪便；而末龄幼虫是白色的，并带有醒目的黑色和橙色斑点；从远处看，这是有效的伪装，但近距离观察时，这种图案就成了明显的警告色。

蝽象是另一类在不同龄期外观差别明显的昆虫。低龄的蝽象若虫在发育为宽肩盾形的成虫之前往往是圆形或半球形的。蝽象若虫的颜色和图案往往比成虫更引人注目，而它们越冬的形式与成虫相同，因此它们在其间需要有效的伪装来保证自身的安全。

生活方式的变化

随着昆虫幼虫的生长、性成熟，并最终成年，一些物种的幼虫在行为和生态作用上发生相当大的变化。

我们知道，许多昆虫，尤其是那些完全变态发育的昆虫，其幼虫和成虫的摄食方式截然不同：有些表现在其食谱上；有些则从完全水生转变为陆生；有些在幼虫期高度群居，而成虫期则变成独居；还有些在幼虫期独居，成年后群居……总而言之，昆虫的变态发育远不止外观上发生巨变这么简单。

昆虫在幼虫期发生的变化也可能是十分戏剧性的。比如，白灰蝶属的幼虫在前 4 个龄期以植物叶片为食，但是之后会生活在蚂蚁的巢穴里，变成肉食性昆虫（见第 168 页）。

蝗虫若虫会根据种群密度大小来改变其行为和外观。在蝗蝻的低龄期，根据种群数量的不同，它们会分别向独居或群居的方向发展。这是由神经递质——血清素控制的，这种物质会在若虫受到其他蝗蝻密集的触觉刺激时释放出来。群集形式是过度拥挤导致的。这时的蝗蝻觅食会更贪婪，飞得更快更远，（成年后）比独居状态繁殖更快，且外观也不同。蝗虫的群集只是周期性

⌄ 白灰蝶属蝴蝶的大块头幼虫大部分时间都生活在蚂蚁的巢穴里

⊙ 过度拥挤引起的生化变化将会引发蝗虫蜂拥而至

地发生，当独居蝗虫的数量足够多时，会触发新的若虫形成群居形式。通过群集，蝗虫可能会入侵新的地区，这对人类来说代价是相当惨重的——蝗虫成群结队地觅食，可以摧毁大面积的农作物。

野兽的"整容"

　　蚁蛉成年后身形庞大而细长，并有两对宽大、带图案的翅膀。成虫大多数以花蜜和花粉为食，而幼虫——蚁狮是最擅长伏击的捕食者。蚁狮用扁平而短胖的腹部当铲子，在松软的沙质地面上挖陷阱——一个漏斗状的斜坡。当蚂蚁或其他昆虫滑到陷阱的边缘时，蚁狮会迅速从陷阱中心钻出来，用巨大的颚抓住猎物。

　　螳蛉是蚁蛉的亲戚，其幼虫和成虫都是捕食者，但它们的生活方式截然不同。螳蛉幼虫会爬到雌性蜘蛛身上，和它待在一起，直到它产卵。螳蛉幼虫以蜘蛛卵为食，并在卵囊中化蛹。螳蛉成虫有宽大的翅膀，并用其螳螂般带刺的捕捉足捕获较小的昆虫。

⊙ 蚁狮制造的巧妙的陷阱（中图）和一只正在休息的蚁蛉（右图）

9

变态发育

自从人们意识到蝴蝶幼虫就是毛毛虫时，就对昆虫的变态发育着了迷。很难想象世间还有什么自然变化如此充满戏剧性，更何况昆虫的生命周期又十分短暂。目前，人们仍然没有完全掌握其中涉及的生理变化。

- 变态类型
- 不完全变态
- 完全变态

- 蛹内的转化
- 羽化
- 成虫的发育

▷ 一只努力挣脱旧壳的蝉。大多数昆虫也会经历同样奇妙的蜕变才能变成成虫

变态类型

昆虫并不是唯一一种在生命周期会改变形态的动物，但对人类来说，它们是最引人注目、最容易观察到的蜕变者。

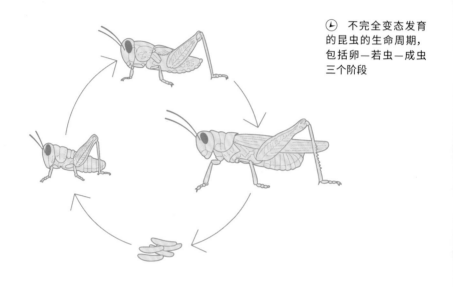

🕐 不完全变态发育的昆虫的生命周期，包括卵—若虫—成虫三个阶段

大多数昆虫的生命始于一颗卵，它们在成年前都有一段需要定期蜕皮的非繁殖性生长阶段。成年期也是昆虫停止生长并能够开始繁殖的阶段，这一时期的昆虫多数是有翅膀的。

与世界上最早的昆虫相比，变化最小的昆虫在生长过程中外观变化相对较小。以衣鱼为例，衣鱼从卵中孵化出来时就像迷你版的成虫，每次蜕皮后，它们会变得更大，但不会长出翅膀。发育成熟后，它们还会继续生长（只是非常缓慢），并定期蜕皮。

我们将不经历蛹期、成为有翅膀的成虫的昆虫称为不完全变态昆虫，如蝗虫、蟋蟀、蜻、蜻蜓、螳螂、蜉蝣和石蝇。它们的成虫在外观上可能与幼虫非常相似。不完全变态发育的幼虫行为活跃，足发达，容易被误认为是成虫。它们的生活方式和食谱通常也与成虫相似。但生活在水下的不完全变态昆虫，在羽化前后的变化较大。

与祖先分化最显著的昆虫类群是完全变态昆虫，它们会经历不活跃的、形态重塑的蛹期，包括蝴蝶、飞蛾、蜜蜂、

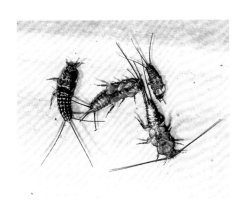

▷ 衣鱼没有明显的成虫期，它们的发育模式被称为表变态

胡蜂、蚂蚁、苍蝇和甲虫。与不完全变态昆虫相比，完全变态昆虫的幼虫一般不太活跃，身体柔软像蠕虫。

变态发育的进化

其他节肢动物在成年前也会经历一系列的蜕皮过程，但只有昆虫早在大约2.8亿年前就进化出了蛹的阶段。在过去几个世纪中，关于完全变态发育进化过程的争论一直很激烈，最终的答案尚无定论。不过，完全变态昆虫很可能是由不完全变态昆虫进化而来的，而后者可能是从更早的、更胚胎化的发育阶段从卵中孵化而来。如今的一些不完全变态昆虫，比如豆娘，确实是先孵化出一种不发达、像蠕虫的预若虫（见第142页），但其很快就蜕皮为与成虫相似的二龄幼虫。在适当的条件下，这些未发育成熟的幼虫可以利用成虫不同的资源。这种发育方式使得整个物种可以占据更广阔的生态位。目前，地球上大多数现代昆虫都属于完全变态发育的昆虫。

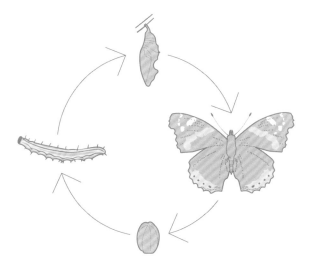

▷ 完全变态昆虫生命周期的4个发育阶段：卵—幼虫—蛹—有翅成虫

昆虫的寿命和生命周期

人们常说蜉蝣朝生暮死，但这种说法忽略了蜉蝣尚未成年的发育阶段。事实上，许多昆虫的寿命都很长。

北美洲的周期蝉比大多数小型哺乳动物的寿命要长很多。不过，周期蝉的大部分时间是以若虫的形态生存，在地下吮吸植物根系的汁液。它们会在第 17 个春天（某些物种在第 13 个春天）的某个温暖的夜晚蜕皮羽化为成虫。周期蝉成年后的寿命不超过 6 周。每个种群的同步出现有助于确保所有个体都能轻松地找到配偶，而且它们的庞大数量确保了捕食者不会使整个种群处于危险之中。

在社会性昆虫群落中，工蜂（或工蚁）成年后的寿命很短，但蜂后（或蚁后）可以活很长时间。一只蚂蚁蚁后可以活 30 年，一只白蚁蚁后能活 50 年。性成熟的雄性白蚁寿命很短，但蚁后与同一个繁殖伙伴（蚁王）能够相守多年。

在世界上的许多地方，由于天气条件不适宜（太冷、太热或太干燥），昆虫会在几个月内不活动。当昆虫以其他不活跃的形式度过这段时间时，这种不活跃的行为就被称为冬眠（在冬天）或夏眠（在夏天），这样可以延长昆虫总寿命。成年钩粉蝶（*Gonepteryx rhamni*）会冬眠，因此成虫可以存活 10 个月左右，而温带地区的大多数蝴蝶在生命的早期阶段越冬，成虫只能存活几周。

如果条件有利，有些昆虫能够加速它们的生命周期。非洲的帝王伟蜓（*Anax ephippiger*）是一个游牧物种，它们有时会提前完成繁殖周期，从而让稚虫能够利用强降雨留下的临时水塘。

⤴ 一只白蚁蚁后可以活几十年，在这段时间里，它会产下数百万颗卵

∨ 一只成年的周期蝉，它生命的前 17 年都是作为若虫在地下度过的

慢节奏的生活

在世界上最冷的地方，即使是夏天也可能因为太冷而不适合活动。生活在这里的昆虫往往比生活在温暖地区的同类寿命更长。生活在极北地区的晏蜓科蜻蜓需要 4～5 年的时间才能发育成熟，而生活在较温暖地区的晏蜓变为成虫则通常不需要一年。北极草毒蛾是生活在地球最北边的蛾类，它的生命周期长达 15 年，其中大部分时间是毛毛虫状态。

∧ 由于钩粉蝶成年能活将近一年，所以它的翅膀比其他寿命较短的蝴蝶更结实

不完全变态

尽管不完全变态没有完全变态那么戏剧化，但不完全变态仍然令人惊叹，任何目睹过蜻蜓从稚虫旧皮中爬出来的人都为其叹服。

有些不完全变态昆虫从孵化的那一刻起就非常活跃。即使处于幼体阶段，它们也可能成为可怕的捕食者，而且比完全变态昆虫的幼体更有能力逃脱危险。一个螽斯的若虫在一龄期可能只有成体的十分之一大小，但它几乎是成虫螽斯的迷你版，并具备和成虫一样的细长的触角和擅长跳跃的后足。但是，它的翅芽很小，腹部也很小，而且生殖器官还没有发育完全。当它经过连续的蜕皮后，腹部和翅芽才会变大，（雌性）产卵器在较晚的龄期才会出现。

一些不完全变态昆虫孵化后，以预若虫的形式开启幼体阶段。豆娘的预若虫没有足，也没有口器，只能进行有限的活动。如果它在水体以外的环境下孵化（当卵所处的池塘在炎热的夏天干涸了，就会发生这种情况），它会扭动着身体爬进水里，随后蜕皮长出足，进入主动进食的二龄期。

Ⓐ 螽斯若虫和成虫很像，只是体型不同，且没有翅膀

蜕皮过程是在多种激素相互作用的触发和调节下进行的。当保幼激素在最后的幼虫龄期下降时，幼虫下一次蜕皮后将进入完全成虫期。蜕皮过程与幼虫龄期是相互伴随的，但对于水生昆虫来说，幼虫通常会先完全离开水再进行蜕皮。在水生幼虫的表皮下，成体的表皮已经发育成熟，完成了所有需要的转化——呼吸鳃已经消失，口器已经呈现出与幼虫不同的比例。

当昆虫羽化时，它会挣脱旧皮，露出完整的触角和六条足，并自由爬行，然后它需要将其褶皱的小翅膀转变为能够飞行的舒展结构。为了实现这一点，它会吸入空气，增加胸腔内血淋巴的压力，从而促使血淋巴进入翅脉，让翅膀扩张和变硬。

⊙ 蜻蜓的羽化。它从稚虫的表皮中挣脱出来需要较高的灵活度

⊙ 蝗虫和蟋蟀的若虫与其成虫生活方式大致相同，不过若虫不能进行繁殖

卵的大小

人们普遍认为，不完全变态昆虫的卵比完全变态昆虫的大，而且需要更长的孵化时间。但这是人们凭直觉想象的，因为不完全变态昆虫的幼体看起来要发达得多，人们也在几个昆虫群体中观测到这个现象。然而，也有很多例外（由于各种生活方式的特殊性）。平均而言，二者卵的大小没有太大的区别。世界上最大的昆虫卵就是由完全变态发育的木匠蜂产下的。

完全变态

把一只胖乎乎的、爬来爬去的毛毛虫变成一只色彩斑斓、快速飞行的蝴蝶，是大自然伟大的奇迹之一。这一过程的细节简直不可思议。

蛹的发育阶段是区分完全变态昆虫与较原始的不完全变态昆虫的标志。昆虫进入蛹期时，会蜕下最后一层幼体的表皮，露出里面的蛹皮。蛹在外观上与幼虫有很大的不同。在大多数情况下，它不再进食，而是固定在一个位置，只做有限的蠕动。因此，蛹通常被很好地伪装或隐藏起来。

当幼虫准备化蛹时，它就会停止进食，开始寻找一个适合的化蛹地点。例如在鳞翅目昆虫中，天蛾幼虫从它们取食的植物上爬下来，寻找一块柔软的地

🅐 有些毛毛虫在化蛹前会在自己周围结一个保护性的丝茧

面，把自己埋进土里。蝴蝶幼虫经常把自己固定在垂直的植物茎上，或者用尾巴末端悬挂在水平的嫩枝上。许多鳞翅目幼虫在化蛹前利用唇腺分泌的丝将自己黏在固定的位置。有些幼虫会纺出一个保护性的丝茧，在茧中化蛹。新形成的蛹皮很快变得坚硬，那些挂在树枝上的蛹往往像枯叶，或者伪装成鸟粪、荆棘、叶芽或卷曲的树皮碎片。

蚂蚁、蜜蜂和胡蜂的幼虫通常在其母亲为它们挖掘或建造的巢穴中化蛹，并在其内度过整个幼虫阶段。群居的蜜蜂、蚂蚁和胡蜂像保护卵和幼虫一样，充满活力地保护着群体中的蛹。在蜂巢中，成年工蜂会将化蛹幼虫的巢室封闭起来，以得到额外的保护。然而，还有一些蛹非常好动。蚊子的幼虫是水生的，并在水中化蛹，这种蛹被称为"不倒翁"，它们漂浮在水面上，如果受到威胁，它们可以游泳和潜水。成年蚊子出现在水面上，它的身体很轻盈，足比较长，能被水面的张力支撑。寄生昆虫的幼虫通常在发育成熟时从寄主的身体中破出（导致已受致命伤害的寄主死亡），并在寄主的外表皮上化蛹，使羽化后的成虫能立即飞行。

蝶蛹

pupa（蛹）、cocoon（茧）和chrysalis（蝶蛹）这三个词在英文中通常可以互换使用。然而，在完全变态昆虫中，幼虫和成虫之间的阶段只有 pupa 是正确的术语。cocoon 指幼虫可以化蛹的丝状外壳，chrysalis（chrysalids 的复数）来自希腊语chrysos，意思是黄金，因为一些蝴蝶的蛹有反光的金色斑纹。南美的塔晓绢蝶（*Tithorea tarricina*）有闪亮的金色蛹，这种颜色是由其表皮的层状结构产生的，可以反射多种波长的光。

⊙ 蜜蜂幼虫在其巢室内化蛹

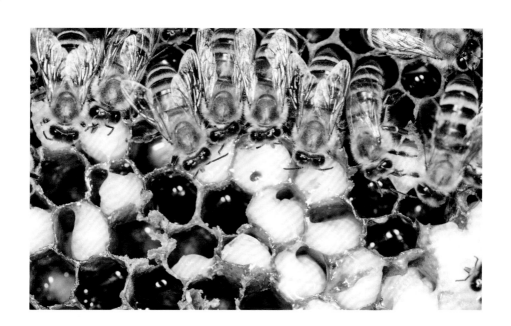

蛹内的转化

有些蛹非常漂亮，但大多数蛹既不丑也不引人注目，在坚硬而平凡的蛹壳里却隐藏着一个小小的工程奇迹。

Ⓐ 想要让一只天蛾幼虫变成完全不同的成虫模样，许多身体结构和组织都需要经过分解和重塑

乍一看，蛹可能与原来的幼虫没有明显的相似之处，与即将成为的成虫也没有明显的相似之处。但从蛹的外观上通常可以辨认出分节的腹部和折叠的翅膀。有些飞蛾蛹的下部有一根又长又细的喙管，连接在头部和胸部的中间部分。胡蜂、蜜蜂、蚂蚁和许多甲虫的蛹的形状更像成年后的昆虫，而苍蝇的蛹更像没有特征的卵球。昆虫的蛹一般有两种类型——离蛹（附肢和翅不贴附于身体主体上）和被蛹（附肢和翅紧贴于身体主体上）。

在蛹皮内，幼虫的身体部位发生了彻底的转变：外部翅膀的发育、足和口器的重塑，以及生殖系统的发育成熟。这种转变比不完全变态昆虫向成虫的转变要剧烈得多。幼虫体内活跃的部分或大部分细胞将失去活性，而以前不活跃的成虫细胞将开始分裂、繁殖、分化成成体组织。以苍蝇为例，其幼虫没有足和其他外部特征，幼虫体内被称为成虫盘的囊状结构将发育为成虫附肢。成虫盘的中心部分发育为成虫足、触角或口器的末端。

化蛹可能是一个漫长的过程，这期间蛹无法进食和排泄，身体中老细胞的

⊙ "触角足"突变基因导致果蝇在本该长触角的地方长出了足

清除和新细胞的复制所需的能量必须完全由幼虫化蛹之前积累的食物提供。正因如此，一个新羽化的成虫的体重可能只有幼虫的一半，而它羽化后的第一个行为就是排泄身体代谢产生的废物。

同源异形基因

多年来，果蝇一直被实验室用来进行遗传学研究。最著名的果蝇变种之一是一种头部长出足而不是触角的果蝇。一种特殊基因的突变导致幼虫原本应该长触角的成虫盘长出了一条足。这种被称为"触角足"的突变基因被发现属于

同源异形基因，它决定了身体的哪一节长出哪一种附肢。同源异形基因是监督者或者管理者的角色，通过激活或关闭其他构建身体部位的基因来决定昆虫身体的整体构造。

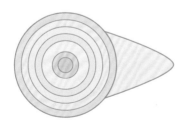

成虫盘，足将从中发育

发育完全的足

⊙ 昆虫足的不同部位起源于成虫盘的不同"区域"

羽化

一旦成虫的身体在蛹内（或者是在末龄幼虫表皮内进行不完全变态发育）完全成形，它必须进行生命中最后一次，也是最关键的一次蜕皮。

当完全变态昆虫发育完全，并感觉外界条件适合的时候，它就会开始羽化。在这个阶段，成虫能够透过蛹或末龄幼虫的外壳看见和听见外界。许多昆虫在清晨羽化，此时天还没完全亮，它们在自己最脆弱的时候能获得黑暗的庇护。当跳蚤（通过振动）感觉到附近有寄主时，它们就会从蛹中出来。

一些蛹具备分节的颚，使昆虫能够咬破蛹获得自由。在其他情况下，无论是完全变态昆虫还是不完全变态昆虫，都是通过向上拱起胸部以获得向外的推力来完成羽化的。蛹或幼虫旧皮破裂，成虫胸部露出，随后是头部和足慢慢伸出。一旦足挣脱出来，昆虫就可以抓住附近的支撑物（通常是蛹壳或幼虫旧皮），最终抽出它那皱着的小翅膀和通常圆鼓鼓的腹部。

当整个身体都获得自由后，它需要花上一段时间（对一些大型物种来说，这一过程需要超过 1 个小时），吸入空气，并利用由此产生的液压推动血淋巴进入身体各处。当血淋巴填满它们的翅脉时，翅膀逐渐舒展平坦，腹部也会变长、变细。

虽然这种刚从蛹皮或幼虫旧皮中羽

Ⓐ 羽化对蝴蝶来说是一个危险的阶段，因为它在翅膀展开之前无法自立

由于成年蜉蝣的寿命很短，而且迫切需要寻找配偶进行繁殖，因此蜉蝣的集体羽化对它们而言大有裨益

化出的昆虫身体十分柔软，也不能移动多少距离，且极易受到捕食者的攻击，但它在表皮变硬之前，周围有充足空间允许它的翅膀和身体充分展开。如果昆虫的羽化发生在深层的掩埋物下，则可以降低其被捕食的风险，但如果有树枝或其他障碍物挡在身侧，昆虫的翅膀可能会永久弯曲，从而影响它的飞行能力，或身体弯曲，不能正常活动。昆虫在羽化过程中可能发生的其他事故包括足被卡住、折断，部分或全部的蛹或分泌物黏在昆虫身体的某一部分等，前者会影响生存，后者对昆虫的影响不会太大。

集体羽化

许多种类的昆虫在羽化时表现出高度同步性，大量个体都在同一个早晨飞到半空中。这样做的好处是显而易见的：捕食者会不知所措，从而增加了单个个体的生存机会；还更有可能迅速找到配偶。但是，它们是如何实现同步的呢？关于周期蝉的研究表明，周期蝉的集体羽化发生在每13年或每17年的同一天。虽然其幼虫只在"合适"的年龄才发育成熟，但触发它们羽化的外部因素是其生活地土壤的温度。温度也是触发有翅蚂蚁羽化的关键因素。而对蜉蝣羽化的研究表明，蜉蝣的羽化也可能与水流速度的下降有关。

成虫的发育

成虫羽化后就不再蜕皮，但这并不一定意味着昆虫已经完全发育成熟。在它真正长成之前，可能还会发生进一步的变化。

一种新羽化的昆虫被称为"初羽化的成虫"。在某些群体中，初羽化的成虫很容易被发现。例如，蜻蜓和豆娘刚羽化后，其身体的颜色还很柔和，它们单调的外表不仅为躲避捕食者提供了伪装，还避免与完全性成熟的成体发生不必要的竞争和性关注。它们的行为也不同于性成熟的成体，刚羽化的蜻蜓和豆娘会立即离开水，花一天或更多的时间在非水生栖息地捕猎。一旦它们完全发育成熟，全身颜色就会变得艳丽，它们会回到水边开始寻找配偶。一些发育不成熟的雌性豆娘实际上具有成熟雄性的典型颜色，只有当这些雌性发育到可以交配时才会出现雌性的典型外观。交配

对雌性来说是有风险的，上述情况只是它们避免交配的策略之一（另一种是倒

⊼ 多只雄性海氏袖蝶（*Heliconius hewitsoni*）围绕在一个蛹周围，竞争着与正在羽化的雌性蝴蝶的交配权

⌄ 蜉蝣亚成体要经过最后一次蜕皮，才能成为完全发育成熟的成虫

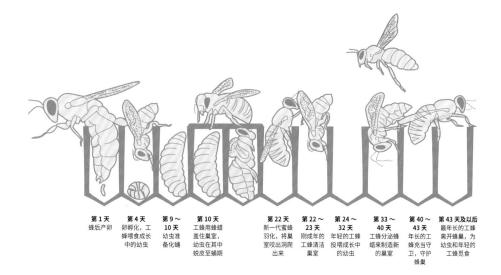

| 第1天
蜂后产卵 | 第4天
卵孵化，工蜂喂食成长中的幼虫 | 第9～10天
幼虫准备化蛹 | 第10天
工蜂用蜂蜡盖住巢室，幼虫在其中蜕皮至蛹期 | 第22天
新一代蜜蜂羽化，将巢室咬出洞爬出来 | 第22～23天
刚成年的工蜂清洁巢室 | 第24～32天
年轻的工蜂投喂成长中的幼虫 | 第33～40天
工蜂分泌蜂蜡来制造新的巢室 | 第40～43天
年长的工蜂充当守卫，守护蜂巢 | 第43天及以后
最年长的工蜂离开蜂巢，为幼虫和年轻的工蜂觅食 |

在地上假装突然死亡）。

　　成年工蜂的工作任务在其一生中会不断变化，但通常遵循相同的模式。当工蜂刚完成羽化时，它会清洁由自身分泌的蜡建造的巢室，然后协助清洁附近的其他巢室。再过些天，它会帮助喂养成长中的幼虫，随后继续在巢穴入口处充当守卫。成年3周后，它会离开巢穴外出采集花蜜和花粉，直到生命结束（可能再过2～3周）。任何在紧急情况下受伤而不能飞行的工蜂，仍然可以成为巢穴中有用的成员。

　　雌性飞蛾和蝴蝶在羽化时即性成熟，有些甚至在羽化前就吸引了雄性。雄蝶可以感知雌蝶蛹期释放的芳香族化合物（信息素）。雄性袖蝶比雌性先羽化，并锁定雌性的蛹。每只雄蝶都试图栖息在蛹上，阻止其他雄蝶，随后在雌

⊙　工蜂的工作任务会随着年龄的增长而变化，只有最年长的成虫才能离开巢穴去寻找花蜜

蝶刚羽化时就试图与之交配，这就是所谓的蛹交配。人们可以在实验室合成雌性信息素的模拟物，吸引特定物种的雄性，用于研究或防治害虫。

亚成体的蜕皮

　　蜉蝣在昆虫中是独一无二的存在，因为它们会在完全有翅膀的情况下进行最后一次蜕皮。所谓的"亚成虫"，是从水生的无翅稚虫发育而来的，不久之后会飞到远离水面的安全之地，再次蜕皮。它以典型的方式从胸腔顶部钻出来，甚至从亚成体翅表皮内抽出一组新的翅膀。在发育完全后，蜉蝣回到水体周围寻找配偶。

10

行为和形态结构

人们很容易认为昆虫这样的小动物没有头脑，但花点时间在野外观察它们，就会发现昆虫拥有多样而复杂的自然行为。这些行为可以与一些所谓高等动物表现出的行为相当，并通常与特定的身体结构有关。

- 喂食行为
- 繁殖行为
- 亲代照顾

- 季节性行为
- 社会性昆虫
- 种间关系

⟩ 社会性昆虫，如大蜜蜂，会表现出非常复杂的行为

喂食行为

不同的昆虫使用不同的方式来获取和享用食物。即使是近缘物种，在食用相似的食物时也有多种进食策略和行为。

花蜜是昆虫经常食用的食物，受到飞蛾、蝴蝶、蜜蜂、胡蜂、食蚜蝇等昆虫的青睐。大多数以花蜜为食的昆虫会停留在它们进食的花朵上，然后将它们的口器插入花蜜腺（花粉通常在这个过程中被昆虫携带在身上，然后被带到下一朵花的雌蕊上，实现植物的授粉）。一些取食花蜜的昆虫使用一种被称为陷阱觅食的策略，它们在相同的路线上反复巡查，这样花蜜腺就有时间重新分泌花蜜。这种策略需要昆虫的大脑具备良好的空间映射和记忆能力。

有些飞蛾习惯在飞行中采蜜：它们头部低垂造访花朵，并在进食时盘旋在花朵前面，其喙部很长且结实。这种取食方式让人想到蜂鸟，一些鹰蛾在外观上也与蜂鸟惊人地相似，甚至在腹部尖端也有一根扁平的像尾巴一样的毛，这有助于它们在悬停时保持稳定。蜜蜂具有嚼吸式口器，一些种类的蜜蜂利用这样的口器不在花朵面前努力寻找花蜜，反而在花瓣基部咬出一个洞来获取花蜜。

蝎蛉是一种以死亡的昆虫为食的腐食性昆虫，它们善于爬蜘蛛网且不会被困住，并以蜘蛛网上的受困昆虫为食。蝎蛉的足很长，可以轻松游走在蛛丝上，并能够保持翅膀远离蛛网。但蝎蛉

ⓐ 胡蜂有咀嚼式口器，能够肢解和自己一样大的猎物

ⓐ 一只蜜蜂的嗉囊（有时被称为"蜜胃"）可以容纳 75 毫克的花蜜（蜜蜂总重量的三分之一）

也会与蛛网上的常驻蜘蛛搏斗，有时甚至能杀死蜘蛛。

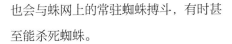

⊼ 蜂鸟（左图）和蜂鸟鹰蛾（*Macroglossum stellatarum*，右图）在形态上的相似性是非常惊人的。蜂鸟鹰蛾有一个布满刚毛的"尾巴"来稳定飞行

狩猎

主动追捕并杀死猎物的昆虫相对较少，蜻蜓和食虫虻就是其中仪表，它们都擅长快速飞行，并且拥有发达的视力和强壮的足来抓住和控制猎物。其他一些捕食性昆虫会使用伪装或拟态来把猎物引到自己面前，比如兰花螳螂。对以花为食的昆虫来说，兰花螳螂花朵般的身体甚至比被模仿的真花更有吸引力。

社会性昆虫胡蜂的成年工蜂以甜味物质为食，但它们也必须为幼虫收集富含蛋白质的食物。因为要把食物带回巢穴，所以它们会对食物进行加工，以确保带回的是猎物最优质的部分。我们经常会看到一只胡蜂与一只蜜蜂（苍蝇或飞蛾）搏斗，胡蜂用颚咬断猎物的翅膀，通常还会咬下猎物的脑袋，然后携带剩余的胸部和腹部飞走。胡蜂还会用颚从腐肉上切下大块可方便运输的肉块。

麻虻属的雌性马蝇以脊椎动物的血液为食，体型非常大，翅膀适合无声飞行。雌性马蝇有轻盈不粗糙的足，这使它们能够接近和停留在猎物身上而不被发现。相反，不咬人的雄性马蝇会发出嘈杂的嗡嗡声，一般来说，它们的行踪比雌性要明显得多。

繁殖行为

昆虫求偶、交配和产卵的行为可以非常简单，也可以非常复杂。昆虫在生命周期中用于繁殖的时间非常短，因此要投入大量的精力使繁殖顺利。

选择合适的配偶是很重要的，尤其对雌性昆虫来说。因此，雄性昆虫会想尽办法来提高自己的胜算，它们用来吸引配偶（并警告竞争对手）的方法之一是放声高歌。蝗虫和蟋蟀通过摩擦（部分身体结构）发出唧唧的声响：蝗虫通过后足上的一系列隆起摩擦前翅来发出声音；而蟋蟀则是通过两个前翅相互摩擦来发出声音。蝉用它们的鼓室发出嗡嗡的声音，鼓室是雄蝉腹部的膜状结构，通过腹部肌肉的运动而产生振动。不同的物种都有自己独特的声音，这对人们鉴定昆虫有很大的帮助（尤其是当它们非常难找到时）。

当昆虫长有带图案的翅膀，尤其是只有雄性才有带图案的翅膀的时候，通常与求偶展示有关。雄性小金蝇在接近潜在伴侣时，会举起并拍打它们图案鲜明的翅膀，还会摆动它们的足。这种行为很可能征服雌性并与之交配。但雌性小金蝇有时会通过排出体内雄性的精子（然后吃掉它）来拒绝雄性。雄性珈蟌科豆娘聚集在水边，进行短距离的华丽飞行，轻拍它们带有黑色条纹的翅膀，以吸引翅膀普通的雌性豆娘的注意。

在其他大多数豆娘的求偶过程中，没有求偶仪式——雄性（通常是色彩鲜艳的）只是接近身体颜色单调的雌性，试图用它们的尾铗抓住雌性头部后方。这种体位被称为串联体，是交配的前

⤵ 雌性螽斯用它们突出的刀片状产卵器在植物上划开一个洞，然后在洞内产卵

Ⓐ 雄性豆娘在求偶时会亮出深色的翅膀吸引雌性

Ⓒ 蝉响亮而没腔没调的"歌声"是通过腹部振动产生的

兆。在某些种类的豆娘中，有些雌性是雄性型，这意味着它们有雄性的颜色和图案，因此不太可能被雄性接近。相反，如果一只雌性受到大量雄性的关注，则会导致雌性面临被捕食的风险。因此，在种群密度大的年份，雄性型的雌性往往比普通雌性的存活率高，而且一直有足够的交配机会并产卵。在其他年份，雄性型雌性昆虫的繁殖成功率可能低于正常外观的雌性。随着时间的推移，这两种情况趋于平衡，二者在种群中都存在。

背叛的工蜂

在蜂巢中，只有蜂后才能产卵。工蜂虽然在形态学上是雌性，但不能生育，它们的存在只是为了稳定蜂巢和保护蜂后的后代。然而，如果一个巢穴失去了蜂后，一定比例的工蜂就会改变自己的命运开始产卵。但因为它们没有交配，这些卵就会孵化成雄性幼虫（蜂后产下未受精的卵时也是如此，见第 151 页）。这些雄蜂成熟后会离开巢穴，如果它们能找到一个未交配的蜂后，它们会把所携带的蜂后基因贡献给新巢穴。

亲代照顾

大多数雌性昆虫除了在合适的地方产卵外，不做任何养育子女的事情，雄性昆虫做得更少。而有一些昆虫却能做到专注而持久地照顾它们的后代。

雌性蠼螋通常是奉献型母亲。一对雌雄蠼螋一起住在巢室里，但完成交配后，雌性会赶走它的雄性伴侣，然后在巢室中产卵，并在卵孵化的一周内一直与卵待在一起，保护它们免受潜在捕食者的攻击。同时，蠼螋妈妈会仔细地清洁卵，避免真菌的侵袭。当卵孵化时，蠼螋妈妈用反刍的食物喂养幼虫。如果蠼螋妈妈在子代离开巢穴之前死亡，那么子代也会吃掉妈妈。

雌性斑点甲蠊（Diploptera punctata）也会照顾和喂养它们的幼虫。与反刍食物相比，它们会从腹部被称为育囊的特殊腺体中为幼虫分泌一种富含蛋白质、类似牛奶的食物。这些食物被未出生的胚胎消耗掉（斑点甲蠊是为数不多的胎生蟑螂之一，它会直接生下活的小斑点甲蠊）。

雌性蝽象也会照顾它们的幼虫。事实上，有一种欧洲的蝽象（Elasmucha grisea）就是因为这个原因被称为母亲蝽。母亲蝽在桦树或桤木树叶上产卵，并用身体遮挡卵。它将幼虫消化植物所需的细菌放在卵上，这些细菌通过卵壳接触到正在发育的幼虫。当幼虫刚孵化时，母亲蝽会和它们待在一起。如果它们迷路走散，妈妈会把它们"赶"回群体中。母亲蝽会在幼虫三龄时离开它们，并从幼虫的族群中脱离。

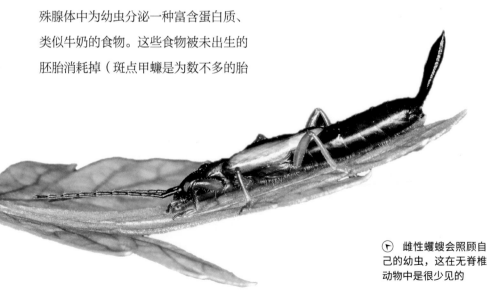

↷ 雌性蠼螋会照顾自己的幼虫，这在无脊椎动物中是很少见的

⊙ 一只雄性负子蝽背上满载着雌性产下的卵团

⊙ 一只雌性母亲蝽守护在它的幼虫群附近

虽然独居的蜜蜂和胡蜂通常不和它们的卵或幼虫生活在一起，但它们会为后代提供一个巢穴和食物，来保证幼虫能够存活到蛹的阶段。这个巢穴可能是一个洞穴或泥壶，其入口会被封闭以隔绝捕食者的侵扰。大多数蜜蜂会为其幼虫提供花粉和花蜜，而独居的胡蜂则会留下被麻痹的猎物。一些物种在卵孵化后仍会留下来提供额外的食物，这种行为在社会性昆虫蜜蜂和胡蜂中更为普遍，成年的蜂会为子代提供持续的照料（见第 164~165 页）。

父爱

雌性负子蝽（*Lethocerus deyrolli*）在配偶的背上产卵，雄性会一直带着卵，直到它们孵化。雄性在进行日常的觅食活动的同时，也会确保卵是湿润的，并赶走潜在的捕食者。一只雄性可能会反复交配，并背负来自多只雌性的受精卵。雌性更喜欢把它们的卵产在已经携带了一些卵的雄性身上，因为这展示了它们的育儿技能。

季节性行为

无论是温带地区春夏秋冬的季节变化，还是热带地区的雨季到旱季，昆虫都需要采取不同的行为策略和改变身体结构来适应环境的改变。

大多数昆虫是外温动物，只有在一定的相对较小的温度范围内才能自由活动。这意味着当温度超出这个范围（通常是晚上）时，它们需要在一个安全的地方休息。对于那些生活在温带地区的昆虫来说，夏季和冬季之间的温度变化可能有40℃或更高，它们在最冷（或最热）的时期可能需要长时间不活动。许多昆虫以一种不活跃的形式（卵或蛹）过冬。那些作为幼虫或成虫越冬的昆虫会进入一段不活动的时期（冬眠或滞育），此时昆虫所有的代谢都减缓。它们也可以寻找或创造一个避难所（冬眠地），在那里冬眠以抵抗严寒。有些物种可以忍受身体组织被冷冻，并可以在潮湿的土壤中越冬，那些不

⊙ 美丽的夹竹桃天蛾（*Daphnis nerrii*）是一种罕见的从非洲和西亚迁徙到欧洲的昆虫

能忍受的物种就会选择干燥、避风的冬眠地。

在冬眠时，昆虫所有的发育过程都会停止，代谢功能几乎停止。冬眠状态的昆虫基本上不消耗氧气，它们身体中储存的脂肪可以勉强使其度过寒冷的冬季。昆虫进入冬眠状态的决定是由基因做出的，并由各种环境因素触发，比如

⊙ 冬眠期间被打扰的孔雀蛱蝶（*Aglais io*）由于体温低无法飞行，但它翅膀上大而明亮的眼斑能够大概率地吓住潜在的捕食者

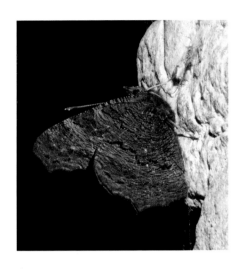

(∧) 成年后冬眠的蝴蝶，虽然翅膀的正面可能是彩色的，但反面是具有伪装效果的暗褐色

(∧) 蜻蜓可以通过"方尖碑"姿势保持凉爽。当太阳直射时，这种姿势减少了蜻蜓身体暴露在太阳下的表面积

日照时间、气温和食物量的变化（植食性昆虫所需的鲜叶减少或捕食性昆虫的猎物锐减）。当昆虫准备再次活跃起来时，它们可以通过振动翅膀和晒太阳来提高体温。翅膀宽大的昆虫会根据气温变化来改变翅膀的状态，展开翅膀吸收更多热量，合上翅膀则可以保存热量。蜻蜓采用一种类似倒立，被称为"方尖碑"的姿势，以避免在炎热的日子里身体温度过高。这种姿势能减少蜻蜓身体暴露在阳光下的表面积。

有些昆虫会集体冬眠，这得益于数量多带来的安全感。瓢虫经常在建筑物内聚集，它们在行走时留下化学物质，引导其他瓢虫进入冬眠地。色卷蛾属的幼虫会在树叶中吐丝以保护自己。迁徙

是另一种躲避恶劣天气的策略，不过只有飞行能力强的成年昆虫才有可能完成一定距离的迁徙。

气温过高

昆虫的夏眠一般发生在热带地区的干燥季节和暖温带地区的盛夏。此时昆虫面临的主要危害是水分的过度散失。在夏眠时，昆虫可以通过大幅降低呼吸速率来减少水分的流失。另外，与冬眠中被打扰的昆虫相比，夏眠昆虫能更快地恢复到正常而活跃的状态。在北美发现的冬蚁（Prenolepis imparis）是适应低温环境的典型例子，它在炎热的夏季进行夏眠，而此时正值大多数其他蚂蚁最活跃的时期。

昆虫迁徙

当一个栖息地只在一年中的某些月份适宜昆虫生存时,生活在这里的昆虫通常会在环境恶劣的月份冬眠或夏眠。它们还有另一个解决方案,那就是迁徙。

说到迁徙,我们最熟悉的应该是鸟类的迁徙行为。许多鸟类在温带地区的春夏季繁殖,在冬季迁徙到赤道及其周围地区。鸟类的这种行为在很大程度上是由昆虫驱动的,许多候鸟是食虫动物,而昆虫在寒冷的季节以卵、幼虫、蛹或者成虫的形式越冬,一般是不活跃的。

成年昆虫的寿命较短,能够进行远距离迁徙的昆虫相对较少,因此繁殖才是它们的首要任务。但是一些强大的飞行昆虫确实能实现长途旅行。其中最著名的是黑脉金斑蝶(*Danaus plexippus*)。黑脉金斑蝶的种群一般在秋天从加拿大南部、美国北部和中部迁徙到佛罗里达州和墨西哥,或沿着落基山脉的西侧迁徙到南加利福尼亚州,它们在这几处越冬地点大规模聚集。春天,黑脉金斑蝶会返程。但这些蝴蝶与上一年秋天出发的群体有所不同,在这段旅程中,它们要经历多达四代蝴蝶的出生和死亡。

一些主要活跃在非洲的昆虫,包括帝王伟蜓(*Anax ephippiger*)和小红蛱蝶(*Vanessa cardui*),夏季当它们的种群数量异常高于正常范围时,就会开始向北迁移到欧洲和西亚。2019 年,有数百万只小红蛱蝶飞到英国,

（<）黑脉金斑蝶在美国南部和墨西哥的大规模迁徙是大自然的一大奇迹

但往年的这个数字要低得多。这些蝴蝶将在它们的新家繁衍生息。雷达记录表明，新一代的蝴蝶会在秋天飞上天空，返回南方。它们的繁殖周期很短，迁徙模式也很灵活，这使它们能够充分利用当地的条件。

流浪

如果昆虫出现在其经常活动的范围之外，那么这些昆虫通常是由人们故意或意外（例如，通过进口食品或木材）引入的。但也有些昆虫是在风力的作用下大大偏离了方向，而出现在不经常活动的地区。在大多数年份的秋天，会有少数黑脉金斑蝶横渡大西洋来到西欧，迁徙的峻伟蜓（*Anax junius*）偶尔也会横渡大西洋。

大多数迷路的个体会死去，不会留下任何痕迹。但偶尔"流浪"也可以促使昆虫栖息地扩张。黑脉金斑蝶在西欧很少见，它们更多出现在加那利群岛。19世纪，在几次大规模的迁徙后，该物种在加那利群岛上建立了稳定族群——不过它们成功存活可能是因为幼虫的食用植物（马利筋）在岛上有分布。

（^）帝王伟蜓很少迁徙到英国。但即使在冬天，它们也会从非洲出发

（^）每年夏天，小红蛱蝶都会从北非迁徙到欧洲西北部

社会性昆虫

蜜蜂、蚂蚁、胡蜂和白蚁群体的社会组织确实令人惊叹。研究这些群体的功能可以揭示昆虫行为的层次性和复杂性。

真社会性在动物界是很少见的。在这样的体系中，若干只（也许是数千只）成年昆虫合作管理一个筑巢空间，共同照顾幼虫和完成其他任务。通常只有一只或几只成年个体能够繁殖后代，而"工人"可能属于不同的"等级"，每个个体都有自己独特的形态特征和社会角色。

Ⓐ 欧洲蜜蜂（或名西方蜜蜂，*Apis mellifera*）是世界上 10 种左右的社会性蜜蜂中最著名的，也是唯一一种被完全驯化的蜜蜂

蜜蜂是目前最著名、被研究得最深入的真社会性动物。在一个巢里，所有的卵都是由比工蜂大的蜂后产下的。工蜂之间不存在等级差异，但工蜂的角色

Ⓥ 当蚂蚁离开巢穴外出觅食时，它们会沿着带有相同气味标记的路径前进

⊙ 白蚁丘除了能庇护白蚁，还能为其他生物提供家园

会随着年龄的增长而变化（见第 151 页）。一旦工蜂飞到巢外觅食，它会带回花粉和花蜜作为幼虫的食物。在蜂巢内，工蜂通过"摇摆舞"来分享觅食地点的信息。摇摆舞是一种"8"字形的运动，舞蹈的方向和速度与外部蜜源的方位相对应。蜜蜂的蜜胃扩张性很强，充满花蜜的蜜胃可以占昆虫总重量的三分之一。

　　嗅觉的交流在真社会性昆虫中非常重要。一对被称为蕈体的大脑结构是昆虫通过气味信号实现学习和记忆的关键，真社会性昆虫的蕈体发育得较为完善。工蚁建立觅食路径，其他工蚁会沿着这些带有化学线索的路径前进，这使它们能够顺利地回到 100 米以外的巢穴。工蚁还会帮助那些努力搬运重物的同伴，通过这种方式，蚂蚁可以杀死比自己大得多的猎物，并把它带回巢穴。

　　白蚁属于与其他真社会性昆虫不同的生物类群，但与蚂蚁有很多共同之处。白蚁用自己的粪便和其他材料，包括富含黏土的土壤，建造巨大的巢穴。蚁丘的朝向能确保蚁巢内获得最佳的温度。白蚁主要以死亡和腐烂的植物为食，也可能会在巢穴内供养一些可食用菌群。

繁殖和传播

　　尽管社会性胡蜂和熊蜂个体只能存活一个季节，但其群体可以存活很多年。在蚂蚁中，长出翅膀的育龄雌性蚂蚁离开巢穴，与来自另一个巢穴的一只或多只雄性繁殖蚁交配。在这之后，它们会找到一个地方建立一个新的巢穴，并蜕下翅膀。它们产下的受精卵将成为新的雌性工蚁。在社会性胡蜂中，新的蜂后会在秋天交配，然后进入冬眠。第二年春天，蜂后会找一个筑巢地点，用咀嚼过的木纤维建造新巢的地基。蜂后产下几颗卵，孵化后喂养幼虫。一旦幼虫发育为成年工蜂，它们就会接管筑巢和照顾其他后代的工作。

互利共生

自然界中两个物种之间互利关系的例子不胜枚举。但在许多行为关系中，只有一方受益，且不帮助也不伤害到另一方。

因为蚜虫可以为蚂蚁提供大量的蜜露，所以蚂蚁会非常小心地照顾蚜虫群

昆虫之间的互利或共生关系以蚂蚁和蚜虫之间的联系最为典型。蚜虫属于半翅目昆虫，它们用刺吸式口器刺穿植物，吮吸植物的汁液。蚜虫会排出多余的液体，这种排泄物"蜜露"富含糖分，为许多其他昆虫提供了食物。例如，几种栖息在树上的蝴蝶在成虫阶段主要以蚜虫的蜜露为食。蚂蚁也很重视蚜虫排泄的蜜露，经常把蚜虫群围起来，保护它们不受捕食者的伤害，并收集它们的蜜露。

当一个物种依靠另一个物种生存，但不影响被依靠的"寄主"物种时，这种关系被称为共生。这与两个物种都受益的互利关系不同，也与一种物种对另一种有害的寄生

关系不同。其实，纯粹的互利共生在自然界是很少见的。在大型蚁巢里经常居住着许多其他种类的蚂蚁，它们生活在这个蚁穴里，以碎屑为食，很低调，也不以任何明显的方式打扰原驻昆虫。某些蛀木甲虫制造出大型"画廊"隧道群，其他昆虫和无脊椎动物可以利用隧道边缘腐烂的木材，因此这些虫道也算是为其他昆虫和无脊椎动物提供了庇护所和食物。

在许多互利关系中，其中一方似乎比另一方得到了更多好处。比如螨虫，它们经常在葬甲身上爬来爬去。葬甲和螨虫一样，

都在脊椎动物的尸体上产卵。这些螨虫把葬甲当作运输工具，作为回报，它们通过杀死苍蝇的卵和幼虫来减少与葬甲争夺腐尸的竞争者。不过，螨虫有时也会吃掉葬甲的卵和幼虫。

巢穴

某些种类的白蚁会建造巨大而坚固的土丘巢穴，这为许多动物提供了庇护所。白蚁巢是由被晒干变硬的土壤颗粒压缩建造而成的。非洲大草原上的白蚁丘的规模可以十分庞大——直径超过 30 米。因为这些巨大的土丘附近的土壤更肥沃，通常能比周围地区供养更多的树木，提供一个可以维持许多其他物种生存的资源丰富的栖息地。

一些白蚁把巢穴建在地下，通过一个隧道网把各个巢室和地面连接起来。它们的巢穴和隧道可以和螨虫、跳蚤共享。

⊼ 白蚁的活动使土壤变得肥沃，因此蚁巢周围定居着不同的植物群落

⊻ 葬甲为螨虫提供了一种搭便车服务，二者都在腐肉上产卵

种间关系

昆虫捕食许多动物，包括其他昆虫。有的还会寄生在其他昆虫身上，或者住在其他昆虫的巢穴里。在一些情况下，不同种类的昆虫之间甚至还具有互惠互利的关系。

除了捕食和被捕食的简单联系外，在社会性昆虫中还有一些更为复杂的种间关系。为了喝到蚜虫分泌的蜜露，蚂蚁以保护蚜虫群落而闻名。还有一些昆虫也受益于蚂蚁的保护和照顾，但在霾灰蝶（*Phengaris arion*）这里，付出很多心血的蚂蚁被骗了。当一只霾灰蝶幼虫长到四龄时，它会从它取食的植物上掉下来，并很快被一种名为红蚁（*Myrmica sabuleti*）的蚂蚁发现。红蚁被这种毛毛虫的信息素和声音所误导，将其带回蚁巢，当作红蚁幼虫来喂养，且优先级高于真正的红蚁幼虫（甚至有时把自己的幼虫当作食物喂养它）。

红蚁保护霾灰蝶幼虫免受危险，直到它化蛹、羽化，以成虫的形式离开蚁巢。

携播是一个物种通过另一个物种实现传播的行为，这种行为在自然界通常是良性的。水螨趴在豆娘身上穿梭于水体之间，食腐螨虫爬上葬甲的背进行传播。赤眼蜂属的寄生蜂以一种更险恶的方式实现携播，它们能感应到寄主雌性蝴蝶释放的抗催情信息素。蝴蝶在交配后释放这些信息素，以阻止雄性的进一步关注。但对寄生蜂来说，这种信息素表明蝴蝶可能很快就会产卵。寄生蜂一旦探测到这种信息素，就会爬上蝴蝶的身体，准备在蝴蝶产卵时将自己的卵产

通过昆虫授粉，植物能够完成有性繁殖，并获得广泛的基因库

⊙ 蚂蚁小心翼翼地保护着它们的蚜虫"群"，并把它们转移到适宜进食的地方

在蝴蝶的卵中。螳蛉对蜘蛛也会采用类似的伎俩（见第 135 页），不过在这种情况下，搭便车的是螳蛉幼虫，而不是成年雌性螳蛉。

女王和奴隶

有几种蜜蜂是巢寄生，它们在其他蜜蜂的巢中产卵。雌性拟熊蜂属物种实际上会进入寄主熊蜂的巢穴中生活，并产很多卵，有时甚至会攻击并杀死常驻的蜂后。驻巢工蜂会像照顾自己的卵一样照顾拟熊蜂的卵。

蚂蚁中的"奴隶制造者"以一种更戏剧性的方式接管其他巢穴的劳动力。这种蚂蚁的工蚁会寻找其他蚂蚁的巢穴，并劫持它们的蛹，有时多达几千个，然后把蛹带回自己的巢穴，作为预备工蚁抚养。这种蚂蚁中有专门的工蚁，负责寻找其他蚁巢并进行攻击。一旦其中一只"侦察兵"找到一个合适的巢穴，它就会回到自己的巢穴，留下气味痕迹，其他侦察兵会循着气味痕迹到目标巢穴进行突袭，它们突袭时通常很少遇到抵抗。那些从被偷来的蛹中爬出来的蚂蚁，会在它们的新巢穴上留下完整的印记，甚至可能会对它们原来的巢穴发动攻击。

⊙ 霾灰蝶将卵产在百里香植物上，其幼虫在最后的龄期会转为肉食性

寄生关系

即使是一个看起来很健康的人也可能成为各种微小的寄生生物的寄主，包括体内和体外两类寄生形式。寄生是几乎所有生物都会接触的现象。

寄生虫被定义为一种生活在另一种有机体上或体内，以这种有机体的身体组织为食，通常会给有机体造成一些伤害（尽管这并不一定是严重或危及生命的）的生物。寄生虫依赖寄主生存，至少在其生命的一个阶段是寄生性的。生活在体外的寄生虫被称为外寄生虫，而生活在体内的寄生虫被称为内寄生虫。

有些昆虫以寄生的形式生存，而另一些则是它们的寄主，有些种类可能兼具寄主和寄生者两个角色。有些昆虫可以寄生在人类身上，其中就有跳蚤。大多数种类的跳蚤都有一个首选的寄主，但也会吸其他脊椎动物身上的血，例如所谓的人蚤（*Pulex irritans*），除了寄生于人类，还有几十种可以寄生的寄主。而猫蚤（*Ctenocephalides felis*）除了吸猫的血液之外，也会吸人的血液。穿皮潜蚤（*Tunga penetrans*）被发现于热带中美洲、南美洲和非洲南部（作为非本地物种），它们会钻入皮肤，给寄主造成痛苦的损伤，对人类和其他物种影响较大。体虱（*Pediculus humanus*）和阴虱（*Pthirus pubis*）是专门寄生于人类的寄生虫，它们在寄主的头发和阴毛上产卵，并以血液为食，成为"永久居民"。相反，跳蚤只习惯以成虫的形式生活在寄主的身体上。

昆虫会感染一系列内寄生虫，尤其是原生动物（单细胞生物）。昆虫通常在进食时

ⓐ 人肤蝇幼虫是人类和其他哺乳动物的寄生虫

ⓐ 大多数丽蝇将卵产在腐肉或粪便上，但也有一些将卵产在活着的脊椎动物的伤口上

将其吞入体内。这种原生动物可能会以昆虫的内部身体组织为食，给昆虫的身体造成相当大的损害，严重时甚至可能杀死寄主。一些寄生性原生动物被用作自然防治剂，以减少有害昆虫的数量。其他种类的原生动物，包括引起疟疾的物种，需要经历第二寄主以完成它们的生命周期。

人肤蝇

在墨西哥、南美洲和中美洲发现的人肤蝇（*Dermatobia hominis*）是一种特别令人担忧的人类和其他哺乳动物的寄生虫。雌蝇捕捉一只雌蚊，然后在蚊子的口器上附着一颗卵，随后人肤蝇卵在此处孵化。这样，当蚊子叮咬人类皮肤时，人肤蝇的幼虫就会转移到人类伤口处并深入体内。蝇蛆以寄主的身体组织为食，在接下来的 8 周内长到幼虫的极限大小，然后（假设寄主还没有设法将其清除）脱落到土壤中化蛹。移除活的蝇蛆是非常困难的，因为它会主动抗拒这个过程。如果它的身体在拔出过程中折断，那么伤口可能会发生感染。如果蝇蛆所在的伤口被凡士林覆盖，它就会在几个小时后窒息，随后可以用镊子把它拔出来。

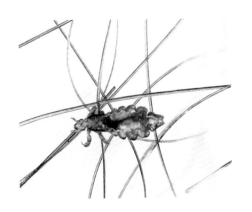

⊙ 头虱是人类身上的一种顽强的寄生虫，几乎在地球上的任何地方都可以找到它的身影

⊙ 跳蚤可以传播严重的疾病，包括斑疹伤寒和黑死病

拟寄生

昆虫并不总是很关心它们的后代。拟寄生者就是一个例外，它们的育儿观念是许多人心目中最恐怖的事。

⊙ 大型菜粉蝶是菜蝶绒茧蜂的寄主

拟寄生是一种特别可怕的寄生方式，在这种寄生方式中，寄主最终会被寄生者杀死。但在此之前，寄生者的整个生命周期都将寄主的身体作为食物和住所。典型的拟寄生性昆虫包括膜翅目的大部分寄生蜂，尤其是姬蜂、茧蜂和小蜂。

雌性拟寄生者可以拥有许多不同的寄主，但有些昆虫专一地寄生于一个或几个寄主上，并在特定的生命阶段攻击寄主。例如，欧洲和亚洲的雌性菜蝶绒茧蜂（*Cotesia glomerata*）会将卵注入粉蝶属幼虫的体内，尤其是大型的欧洲粉蝶（*Pieris brassicae*）。

被寄生的毛毛虫看起来行为正常，但菜蝶绒茧蜂的卵在毛毛虫体内孵化，并以毛毛虫的身体组织为食。几周后，菜蝶绒茧蜂幼虫从毛毛虫的身体里钻出来，并杀死寄主，在寄主周围化蛹。有时，菜蝶绒茧蜂在化蛹前会被另一种特殊的寄生蜂——小折唇姬蜂（*Lysibia nana*）攻击。在某些情况下，寄生蜂的攻击可能会对寄主的数量产生巨大的影响。在不同年份，寄生蜂和寄主的数量会呈现有规律的周期性上升和下降。

⊼ 昆虫在所有生命阶段都很容易受到拟寄生动物的攻击。图中，两只成年寄生蜂从被寄生的蜡象卵中钻出来

⊳ 寄生蜂幼虫从寄主的身体里咬出一条路，然后在寄主尸体周围化蛹

一些拟寄生蜂，如胡蜂科的蜾蠃，会建一个泥巢，把一个或多个寄主放在里面。蜾蠃先用刺刺它们，使它们麻痹无法逃跑，然后在每个寄主的身体内或体表产卵，最终幼虫慢慢吃掉寄主。

内部斗争

寄主试图用各种方法阻止寄生者。有的试图逃离攻击者，有的对注射的卵子有免疫反应。拟寄生者是非常顽固的，在某些情况下会在寄主体内产很多卵，以致寄主的免疫系统不堪重负。拟寄生者产卵的行为有时也会将病毒引入寄主的体内，损害其免疫系统。

在一些情况下，拟寄生者实际上可以改变寄主的行为。例如，被刻绒茧蜂属的内寄生蜂寄生的毛毛虫会试图保护其垂死的身体周围的寄生蜂蛹。

11

细胞与生物化学

　　细胞是所有生命的基石，在这方面，昆虫与其他动物没有什么不同。每一个单独的细胞都是一个独立的小生物机器，为了保证昆虫身体的整体健康和功能，它有自己的特殊角色和任务。在生物化学领域，细胞过程涉及单个分子之间的相互作用。

- 典型细胞的结构
- 细胞器
- 细胞分裂

- 免疫
- 专化细胞类型
- 昆虫的细胞学研究

○ 一只蝴蝶落在我们手上通常意味着它对我们汗液中的盐分和其他矿物质产生了兴趣，进而满足蝴蝶自身某些细胞的需求

典型细胞的结构

细胞是自给自足的微观构造，昆虫和其他动物的身体都是由细胞构成的。细胞被分化成许多类型，每一种细胞都有自己要执行的"任务"。

我们认为昆虫是小型生物，但与变形虫等单细胞生物相比，昆虫算是非常大、非常复杂的生物了。无论动物的体型如何，构成动物身体的细胞平均大小是相同的。每克动物组织包含大约 10 亿个细胞，所以一只 0.1 克的蜜蜂体内大约有 1 亿个细胞。现存最重的昆虫是新西兰的巨沙螽，它的体重可达 75 克，这意味着它的身体中包含大约 750 亿个细胞。

尽管一个细胞是独立的，并且在某种程度上是自给自足的，但它是一个相似细胞群落的一部分，这些细胞一起工作，在昆虫体内构成不同的器官和系统。大多数细胞都有自我复制的能力，促使幼虫不断生长，并在所有生命阶段都可以进行一定程度的组织修复和再生。

细胞的结构因其功能而异，几乎所有的细胞都以某种方式进行专化。不过，不同细胞间仍有一些共同之处。细胞的内容物称为细胞质，它被灵活的细胞膜包裹着。细胞膜是由双层磷脂分子构成的，具有半透性，即某些分子可以通

⊕ 细胞膜是由双层磷脂分子和其他参与检测和运输营养物质等进出细胞的分子组成的

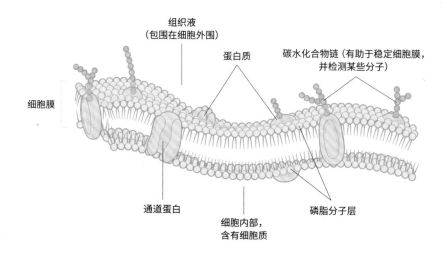

组织液
（包围在细胞外围）

蛋白质

碳水化合物链（有助于稳定细胞膜，
并检测某些分子）

细胞膜

通道蛋白

细胞内部，
含有细胞质

磷脂分子层

过细胞膜，但大多数分子不能通过。当细胞消耗氧气并释放二氧化碳时，这些气体可以通过细胞膜扩散。较大的分子则从细胞膜上特定的结合点，即嵌入细胞膜的蛋白质结构（通道蛋白或转运蛋白）通过。分子也可能通过胞吞（被细胞膜向内折叠所吞没）被吸收到细胞内。

除了液体成分（胞质溶胶）外，细胞质还包括许多被称为细胞器的较小结构，它们是细胞的工作部件，就像生物体内的器官一样。细胞器的数量和类型因细胞类型而异（细胞器的描述可见第178～179页）。

受体

细胞膜的外表面通常也有受体分子，这些受体分子通过化学方式与激素、神经递质和其他分子相结合。受体分子不会进入细胞，但会改变细胞的状态。

⊙ 豆娘敏锐而快速的感觉系统是由各种高度分化的细胞构成的

⊙ 昆虫的身体细胞内充满液体，细胞膜对液体平衡的控制使昆虫即使在干旱的环境中也能生存

例如，神经递质与神经元（神经细胞）相结合，导致带电离子进入细胞内，然后这些电荷顺着细胞进行传递。

细胞器

在显微镜下，可以看到一个典型的动物细胞内有若干不同的内部结构，这些结构有些大而突出，比较易于分辨，而有些只能在最高放大倍数下才能分辨出来，但这些结构都具有重要的功能。

细胞内部最突出的结构是细胞核，它看起来像一个深色的圆形斑点。细胞核是细胞的控制中心，决定并监督细胞的其他活动。细胞的遗传物质——成对的染色体位于细胞核内。染色体是DNA（脱氧核糖核酸）链，它包含了细胞合成蛋白质的所有指令。一个细胞的分裂过程开始于细胞核中染色体的复制，这个环节依赖于另一种细胞器——中心粒。细胞核内一个明显较暗的区域，即核仁，是核糖体的形成部位。核糖体直接参与蛋白质的合成。

细胞核的膜与另一种称为内质网（ER）的膜状结构相结合。内质网有两种分类：粗面内质网和光面内质网，前者与核糖体结合，参与蛋白质的合成；后者不与核糖体结合，从游离脂肪酸中合成脂肪分子。细胞质中也有游离的核糖体。高尔基体是另一种膜状结构，在核糖体合成蛋白质时进行糖基化修饰。

⬇ 不断生长中的幼虫需要迅速复制它们的体细胞

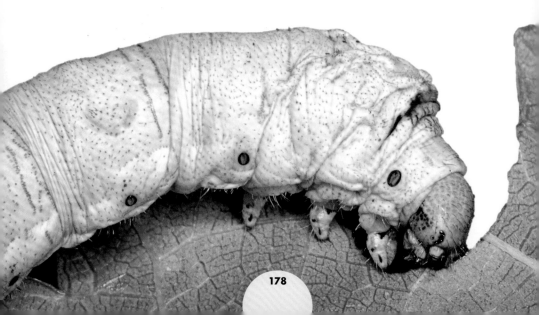

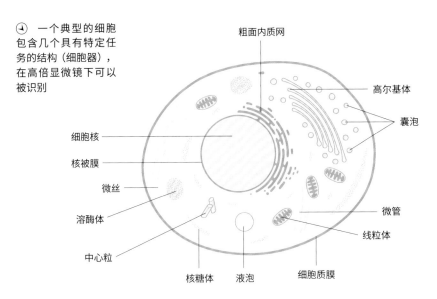

⊙ 一个典型的细胞包含几个具有特定任务的结构（细胞器），在高倍显微镜下可以被识别

粗面内质网

高尔基体

囊泡

细胞核

核被膜

微丝

溶酶体

中心粒

核糖体   液泡   细胞质膜

微管

线粒体

线粒体是细胞质中较大的椭圆形细胞器，它们的作用是通过氧和葡萄糖的代谢产生提供能量的 ATP（腺苷三磷酸）分子。线粒体含有自己的 DNA（称为线粒体 DNA），它可以利用这些 DNA 进行自我复制。

细胞质中也可能存在脂肪，并储存在与膜结合的囊泡中。水溶性分子储存在充满液体的液泡中。溶酶体是一种含有酶的特殊囊泡，这些酶帮助分解废物和废弃细胞器的残留物，将它们转化为足够小的分子，通过细胞膜排出细胞。

细胞器的数量

每种细胞所包含的细胞器数量不同。能量消耗大的细胞中线粒体数量超过平均水平。例如，精子细胞在尾部附近含有一簇线粒体，为其游动提供动力。一些较长的肌肉细胞有多个细胞核，血淋巴中携带并参与免疫反应的某些类型的大细胞也是如此。

⊙ 扫描电子显微镜下可见附着在粗面内质网褶皱上的核糖体

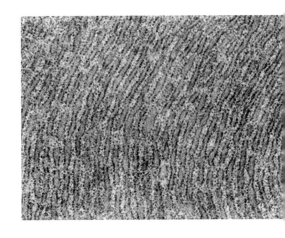

细胞分裂

对于单细胞生物来说，一分为二是它们生殖的手段。高等生物能够进行有性生殖，但这个过程和普通的身体生长一样，也始于细胞分裂。

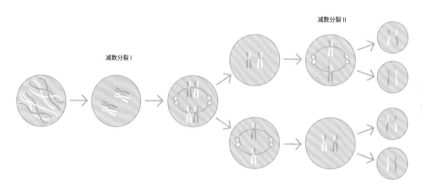

减数分裂 I

减数分裂 II

减数分裂通过一个前体产生 4 个精子或 4 个卵细胞，每一个前体都有一组染色体，这些染色体包含原始细胞基因的不同组合

由于染色体已经复制，所以细胞核中有一组染色体。它们现在开始分离和交叉互换

随着染色体成对排列，交叉互换继续

同源染色体成对排列

染色体分离并移动到细胞核的两侧。细胞核和细胞分裂成两部分

在两个新细胞中，染色体再次排列，但这一次没有复制

每一个新的细胞再次分裂，但这次细胞核只包含一组染色体，而不是两组（它是单倍体而不是二倍体）

几乎所有昆虫的生命都是从一个受精卵开始的，所以它们一生中经历的细胞分裂次数是一个天文数字。胚胎早期细胞分裂的速度非常快——在果蝇胚胎中，一个细胞在受精后约 3 小时内可以分裂成 6000 个细胞。

正常细胞分裂的第一阶段包括整个细胞变大，细胞器进入细胞的特定部分（有时会复制），并在细胞核内产生所有染色体对的副本；中心体发生复制，用于分离两组染色体。这个过程被称为分裂间期。

⌄ 减数分裂是精子和卵细胞形成的过程，每个细胞携带 50% 的亲代基因，产生不同的基因组合

第二个阶段是有丝分裂，这期间两组染色体缩短并在细胞核内排列，两个中心体在细胞核周围形成纺锤状结构（纺锤体）。这个纺锤体将两组染色体分开。一旦它们被分离，染色体恢复正常的拉长、无序的形态。核膜在每组染色体周围构成单独的密封结构，形成两个核。随着两个细胞核的拉伸和分离，整个细胞膜也被拉伸，并开始在中间向

内收缩，最终形成两个独立的细胞。

当细胞分裂时，它们也开始了分化，从泛化的干细胞分化为具备特定功能的细胞。分化是渐进的，干细胞通过一种或多种中间细胞或前体细胞过渡到完全特化的细胞。例如，神经元的第一个前体是神经母细胞，然后变成神经节母细胞，再变成神经节细胞。这些神经节细胞分化成神经元或胶质细胞（神经系统中发现的另一种细胞类型）。

减数分裂

当形成的细胞是生殖细胞（配子）——卵子和精子时，细胞分裂的过程是不同的。每个卵子和每个精子只包含一对染色体中的一条。当受精发生时，每个配子的一半染色体组合就形成了完整的染色体组。因此，配子的前体细胞分裂涉及一个额外的阶段，每个前体细胞分裂两次，产生四个子细胞（卵子或精子），每个子细胞都有半组染色体。这个过程被称为减数分裂。减数分裂的另一个重要部分是发生在早期阶段的"交叉"，即前体细胞核中缠绕的染色体成对排列。在染色体成对排列的过程中，这两条染色体都会在某些点（交叉）断裂，断裂的部分会在同一点与另一对染色体连接。尽管染色体对是由相同序列中的相同基因组成的，但它们可能有不同的"版本"——等位基因。交叉互换导致每个精子和卵子中带有不同组合形式的等位基因。

发育中的果蝇胚胎呈现出身体分节状态。这大概是受精后8小时的状态

免疫

昆虫通过一些行为和身体结构的完整性来保护自己免受疾病的侵害。如果像细菌这样的感染源找到进入体内的途径，昆虫身体的免疫系统就会发生反应。

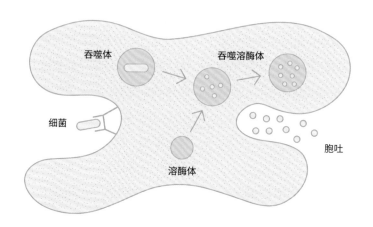

昆虫通过一些行为和身体结构的完整性来保护自己免受疾病的侵害。如果像细

任何昆虫的成虫或幼虫的身体都可能受到致病病毒、细菌、真菌、原生动物的入侵，在某些情况下，还可能受到寄生虫和拟寄生昆虫卵的侵扰。第一道防线——表皮有其弱点，比如让空气进入昆虫身体的气门，对表皮的任何伤害都可能对昆虫的健康不利。病原体也可能在偶然情况下被吞进体内，甚至可能在交配时被引入。

昆虫的血淋巴含有专门的细胞检测异物并对其做出反应。它们能够吞噬细菌的细胞（吞噬作用），然后将其分解。这些细胞能聚集在更大的异物周围，比如寄生蜂注入昆虫体内的卵，这些细胞

⌃ 吞噬细胞吞噬细菌，形成吞噬体。充满酶的溶酶体与吞噬体结合，形成能分解细胞的吞噬溶酶体。分解后的产物随后被释放出来（胞吐作用）

会试图将卵完全包裹起来，这些细胞被称为血细胞。血细胞主要有三种类型，其中吞噬细胞最多。在吞噬病原体的同时，吞噬细胞还会释放信号分子，提醒其他血细胞有危险。另外两种细胞分别是通过释放分子攻击病原体的晶体细胞，以及参与包裹过程的叶状细胞。

除了血细胞外，昆虫还会在它的脂肪体内产生攻击病原体的蛋白质，这些蛋白质被释放到血淋巴中攻击病原体，

如真菌和某些类型的细菌，还能在伤口部位的血淋巴中形成凝块。

昆虫的血淋巴中没有获得性免疫的专化细胞。在脊椎动物中，这个功能是由 B 淋巴细胞和 T 淋巴细胞完成的。这些细胞确保了一些传染病一旦被成功击退，就能对其终生免疫。不过，昆虫也对它们以前遇到过的病原体表现出更强的抵抗力。对蜜蜂的研究表明，这种增强的抵抗力甚至可以通过蜂后传递给它的后代。目前，生物学家尚不明确这种反应的发生过程。

昆虫的疾病

人们倾向于认为昆虫是疾病的携带者，而不是患者，但昆虫和其他动物一样容易感染多种疾病，它们的免疫反应也可能会不堪重负。研究昆虫病理学的生物学家已经开发出特定细菌、病毒和真菌的菌株，用来消灭暴发性的具有经济破坏性的昆虫。例如，自然资源保护主义者已经在北美使用了日本的舞毒蛾生防菌（*Entomophaga maimaiga*），用来控制非本土的舞毒蛾，这种飞蛾的幼虫对北美本地树种造成了极大的伤害。在一些地区，通过使用一种能杀死舞毒蛾的物种特异性病毒，使舞毒蛾成功地得到了控制。病毒颗粒可以从死去的毛毛虫身上脱落，散落到附近的树叶上。

⊙ 这只苍蝇死于真菌感染。真菌菌丝从苍蝇腹节间喷发出来，并向空气中释放孢子，以感染新的寄主

专化细胞类型

昆虫体内的所有细胞都来自未分化的干细胞，各自具备特定的功能，有些功能具有高度专一性。

昆虫（以及其他有性生殖的生物）身体产生的最独特的细胞莫过于精子细胞。精子拥有长长的、能够快速游动的尾巴，即鞭毛。精子鞭毛内排列的滑动微管能产生波纹状的弯曲，推动精子向前游动。对蚊子精子的研究表明，在某些化学信号的作用下，鞭毛会加速运动。其实，这要归功于精子细胞上的化学受体分子，使精子拥有嗅觉。

神经元或神经细胞是另一种独特的细长型细胞，具有延伸的轴突，神经脉冲沿着轴突传递到下一个神经元（见第54页）。而它们只是神经系统的一部分。在中枢神经系统和外周神经系统中也有大量的神经胶质细胞。它们有几种类型，比如在突触周围吸收未使用的神经递质的星形细胞，以及为脆弱的轴突提供保护的鞘细胞。

脂肪体中含有脂肪细胞，用于储存脂肪。这些圆形的细胞以液滴的形式储存能量，必要时能够膨胀到很大的尺寸。例如，在昆虫幼虫的最后一个龄期，脂肪细胞储存的能量要满足其变态发育时的能量需求。

肌肉细胞（肌细胞）能收缩和舒张，这归功于肌细胞所含有的由两种不同的

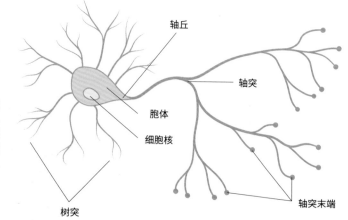

⊙ 神经元或神经细胞具有精细的分支结构，将电脉冲从树突传递到轴突的末端，进而传递到下一个神经元，从而传递到全身

轴丘

轴突

胞体

细胞核

树突

轴突末端

<scr(回)> 金龟子幼虫在生长期间积累了大量的脂肪，这些脂肪可以维持 5 年

蛋白质（肌动蛋白和肌球蛋白）组成的肌原纤维。当肌肉收缩时，肌原纤维会相互滑动。肌细胞具有细长的结构，还有大量的线粒体，为肌肉的活动提供能量。

单细胞腺体

昆虫的表皮含有巨大的特化分泌细胞，具有外分泌腺的功能，向胞外分泌产物。外分泌腺产生各种不同的化合物，包括昆虫用来吸引配偶的信息素，以及用来阻止捕食者的难闻气味或令其口感不适的物质。虽然昆虫可能具有许多具备防御功能的外分泌腺，但通常只有那些最靠近外界刺激点的腺体才会分泌相应物质。

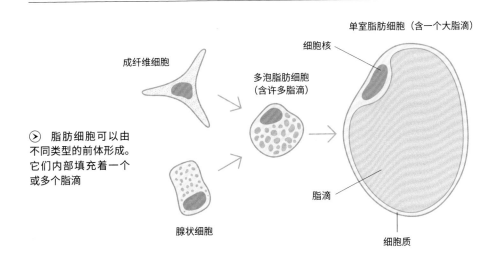

(回) 脂肪细胞可以由不同类型的前体形成。它们内部填充着一个或多个脂滴

成纤维细胞

多泡脂肪细胞
（含许多脂滴）

单室脂肪细胞（含一个大脂滴）

细胞核

腺状细胞

脂滴

细胞质

昆虫的细胞学研究

由于昆虫体型小，且易于饲养和繁殖，因此它们是实验室中非常受欢迎的研究动物。人类在细胞生物学上的成就主要归功于昆虫学。

⌃ 昆虫的头部和复眼。扫描电子显微镜能够呈现昆虫的身体部位甚至单个细胞器的特写图像

随着显微镜的发明，研究任何种类的细胞都成为可能。人类在 17 世纪的光学显微镜下第一次观察到细胞。这种设备利用多个透镜来放大图像，要观察的材料被放置在载玻片上，光从下面照亮。使用染色化学物质可以更清楚地揭示细胞内的结构（例如，如果不进行某种染色，根本看不到线粒体）。

电子显微镜是一种更厉害的设备，可以在高倍率和高分辨率下观察微小的

细节。这个装置于 20 世纪初发明，随后经过了多次修改和完善，它使用电子束而不是可见光来生成图像。在电子显微镜下可以研究细胞器的详细结构。尽管细胞研究主要集中在植物和脊椎动物的细胞上，但自 20 世纪 70 年代以来，

人们开发出新的方法来制备用于显微镜观察的昆虫细胞，人们对昆虫细胞生物学的研究也取得了很大进展。

在实验室中，相同的克隆细胞谱系经常被用于细胞生物学的研究。使用相同的细胞可以确保实验能够可靠、重复地进行，而不会因为所使用的细胞因基因差异而导致任何外部变量。生物化学实验室利用从昆虫中提取的几种细胞系进行研究，例如利用细胞制造特定类型的蛋白质并研究它们对不同病毒的反应。

草地贪夜蛾的幼虫。广泛使用的 Sf9 细胞系是从该物种提取出来的。这些细胞有许多用途，比如研究细胞为什么会在预定年龄"自我毁灭"

来源于草地贪夜蛾（*Spodoptera frugiperda*）卵巢组织的 Sf9 细胞系，在实验室中有多种用途，比如研制流感疫苗，研究低重力条件下细胞功能的变化，以及研究基因如何控制衰老与相关的细胞凋亡（程序性细胞死亡）。

隐藏的细胞真相

在昆虫细胞生物学的研究中，人们获得了一个比较有趣的发现，那就是昆虫和人类之间仍然存在一些共同特征。例如，昆虫和哺乳动物中指导卵子和精子细胞发育的分子过程在很大程度上是相同的，这表明这一过程在 5 亿多年前就开始了。

12

多样性与保护

昆虫在生态系统中的重要性怎么强调都不为过，人类和其他所有脊椎动物都高度依赖它们。世界上存在着数百万种不同的昆虫，每种昆虫都在自然界中发挥着自己的作用。但如今昆虫正以惊人的速度灭绝，积极主动地保护昆虫从未像现在这么重要。

- 昆虫类群
- 不同生境的昆虫群落
- 昆虫之"最"

- 昆虫面临的威胁
- 灭绝
- 昆虫的保护

▷ 马铃薯叶甲原产于北美部分地区，由于其偶然间被引入许多其他地区，而成为最大的马铃薯作物害虫

昆虫类群

地球上的昆虫大约可归为 30 个主要的目。我们对其中的一些目非常熟悉，而这其中包括了成千上万的物种！

就物种多样性而言，目前占据主导地位的昆虫目有 4 个，且每个目下至少包含 10 万种昆虫。这四个目分别是鞘翅目（代表昆虫：甲虫）、双翅目（代表昆虫：苍蝇）、膜翅目（代表昆虫：胡蜂、蜜蜂、蚂蚁、叶蜂）和鳞翅目（代表昆虫：蝴蝶和飞蛾）。这四个目下的昆虫都是完全变态昆虫，除南极洲以外，世界上的所有大陆都能找到它们。

昆虫的第五大目是包括蝽类在内的半翅目，在世界范围内约有 75 000 种被描述的物种。半翅目是所有不完全变态昆虫中物种数最多的，同时也在体型和生活方式上表现出最丰富的多样性。第六大目是包括蝗虫、蟋蟀、螽斯及其近亲的直翅目，目前有近 20 000 个物种已被描述，其次的毛翅目大约有 14 500 个已知物种。其他也很著名的昆虫类群包括蜚蠊目（包括蟑螂和白蚁，约 7400 种）、蜻蜓目（包括蜻蜓和豆娘，约 5500 种）、脉翅目（包括草蛉及其近亲，约 4000 种）、襀翅目（包括石蝇，约 3500 种）、竹节虫目（约 2500 种）、螳螂目（约 2300 种）和革翅目（包括�蠼螋，约 1000 种）等。

在世界上的大多数地方，我们通常能够很容易地找到上述昆虫，但如果远离了热带地区的大片丛林，有的昆虫类群就不那么容易找到了。尽管昆虫种类繁多，但每一种昆虫都有自己的特征，

⊾ 树虱是研究较少的啮虫目的一种

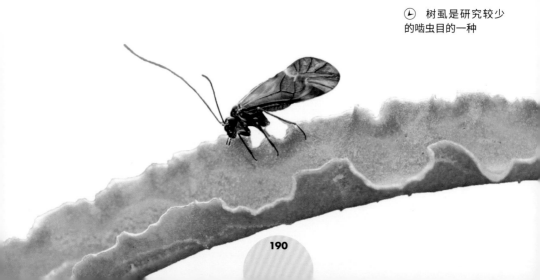

ⓐ 生物多样性极高的膜翅目昆虫中有一些令人印象深刻的捕食者，比如优雅的泥蜂

ⓐ 蛇蛉属于蛇蛉目，具有独特的宽大翅膀和细长的胸部

因此，如果你遇到了不认识的昆虫，确认它属于哪一个目通常都是相对简单可行的。

不太常见的目

其他没有提到的目就比较鲜为人知了，因为它们的数量较少，且更难以发现。比如，纺足目（足丝蚁）约有200种已知物种，主要分布在热带地区的土壤或其他基质中。足丝蚁长着四片翅膀，喜欢藏匿于用前足腺体分泌的丝织成的丝网和隧道中。捻翅目是一类极其微小的昆虫，与苍蝇相似。它们只有一对功能性的翅膀，另一对翅膀退化为平衡棒。全世界大约600种捻翅目昆虫都是其他昆虫的寄生者。目前已知约有1000种书虱和树虱，它们隶属于啮虫目，体小而原始，具有研磨用的颚。书虱没有翅膀，主要生活在人类的住所内，破坏储存的食物和其他有机材料（包括书本纸张）。虱目（虱子）昆虫无翅，足发达，喜欢叮咬或吸食鸟类和哺乳动物的血。叮咬型虱子会咀嚼皮肤、毛发或羽毛，而吮吸型虱子吮吸血液或其他体液。

ⓢ 脉翅目中包含几个著名的科，比如肉食性的像极了蜻蜓的蝶角蛉（蝶角蛉科）

被驯化的昆虫

目前只有较少的野生动物可以算是被人类完全驯化，这样的动物能够被人类圈养足够长的时间和足够多的数量，这其中包含一些非常重要的经济昆虫。

最著名的家养昆虫是欧洲蜜蜂。它是在蜂巢中产蜜的几种社会性蜜蜂之一，人类对它及其野外近亲的开发利用有着悠久的历史。蜂箱的发明，以及对如何控制和管理蜜蜂自然行为的理解，促使蜜蜂被成功驯化。最早的关于人类养蜂技术的证据来自大约9000年前的北非。如今，蜜蜂不仅被用来生产蜂蜜和其他产品，如蜂蜡和蜂王浆，而且还成为作物的授粉者。蜂箱放置的位置根据需要适当改变，以确保蜜蜂为目标植物授粉。全球蜜蜂每年的商业价值约为2000亿美元。

⌃ 一个蜂巢的蜜蜂在一个季节可以生产约27千克蜂蜜

桑蚕（*Bombyx mori*）是野生种野桑蚕（*B. mandarina*）的驯化种。桑蚕是一种大型飞蛾，原产于中国、日本和朝鲜。人们饲养桑蚕是因为它的幼虫可以绕蛹结茧。蚕宝宝口腔腺分泌的丝线能够用来织布，这种布料已经发展成了一种具有经济价值的贸易商品。每个蚕茧可能会产出约1609米长的丝线，但由于蚕蛾在破茧时会破坏丝线，因此商业养蚕需要在破茧前杀死蚕蛹，只留下少数成虫用于繁殖。

⌄ 被驯化的蚕蛾早已失去了飞行的能力

⌄ 蚕蛾的野生亲戚包括壮观的大目大蚕蛾（*Saturnia pyri*）

像许多被驯养的动物一样，蚕蛾与它们的野生祖先有很大的不同。蚕蛾的翅膀变小了，也失去了天然的伪装色。除了桑叶（桑叶是野生蚕蛾的唯一食物），它们还会吃其他食物。人为刻意的选择性繁殖导致了上述特征，这使蚕蛾更容易被驯养。研究人员正在对蚕蛾的基因组进行修饰，使其幼虫分泌不同的蛋白质，而不是蚕丝，以实现其他商业或医学用途。

模式生物

另一种被驯化的昆虫是普通果蝇（*Drosophila melanogaster*），它因被用于基因学研究而闻名。果蝇容易在实验室繁殖，而且具有相对简单的基因组，因此成为基因学研究的理想对象。果蝇的变异形式包括尺寸过小或扭曲的翅膀，以及不同的复眼和身体颜色。每个突变在基因组中的位置都已经被记录下来。

⌃ 我们如今在动物遗传学上的成就大多来自对普通果蝇的研究

黑水虻（*Hermetia illucens*）正开始被商业化地用作宠物猫狗的食物来源。黑水虻幼虫富含蛋白质，易于在小空间内高密度饲养，它们以腐烂的有机物为食，所以可以在各种废弃的食物中存活。

不同生境的昆虫群落

哪里生长着繁盛的植物，哪里就会有大量的昆虫，但是植物群落的性质决定了哪种昆虫的数量最多。

在过去几十年里，不同研究人员使用了不同的方法划分栖息地类型或生物群系。如今，世界自然基金会（WWF）确认了 14 种陆地生物群落和 12 种淡水生物群落。陆地生物群落的定义标准大致包括植被覆盖类型（森林、林地、草地、灌丛和沙漠）、湿度、海拔和纬度（热带、亚热带、温带和极地），淡水生物群落将水流（河流和湖泊）考虑其中。在这些类型之外，还有一系列人工生物群落，即被人类改造的栖息地，主要包括城市地区、种植园和农田。

天然林地和森林孕育了最多的昆虫物种。落叶为地面甲虫和蚂蚁提供了觅食和藏身的地方；草本的下层植物为吮吸植物汁液的蝽象提供了食物来源；植物的花朵为蝴蝶、蜜蜂和食蚜蝇提供了食物来源；布满裂缝的树干可以保护昆虫在此冬眠；腐烂的木材是许多甲虫幼虫的食物；不同树种的树叶上生活着大量的昆虫，比如蚜虫、飞蛾幼虫和蠹斯；大量的植食性昆虫吸引着各种捕食者。一片人工林可能看起来和原始的森林一样郁郁葱葱，但能供养的动物种类却少

得多，因为人工林通常只包含一种树，缺乏下层植被，也没有腐烂的木材。

草原上的昆虫物种不如森林中的丰富，但灌木丛生的草原可以生长出大量开花植物，这对于蝴蝶、飞蛾和蜜蜂等取食花蜜的昆虫非常有吸引力。离水源很近的草地是刚羽化的蜻蜓和豆娘的栖息地。淡水栖息地是那些在水中产卵的昆虫类群的庇护所，比如蜻蜓、豆娘、石蝇、泥蛉和蜉蝣。不同物种有不同的环境偏好，有的喜欢寒冷的高地溪流，有的喜欢缓慢流动、植被良好的低地河流，还有一些依赖水的物种能够利用临时的季节性水塘或水坑快速完成繁殖。

花园中的昆虫

花园各有各的不同，但总体上类似于林地的植被群落，有树木、灌木和空地。许多花园比自然栖息地维护得更整洁，地面几乎没有遮挡。花园的植物群落包括许多非本土物种，因此生活于其中的昆虫较少，如果有的话，也只是本地的植食性昆虫。化学杀虫剂的广泛使用也会大大减少花园中昆虫的数量。

Ⓐ 许多昆虫在水下度过它们的幼虫阶段，而其他昆虫则以生长在淡水栖息地的植物为食。湿地常见昆虫包括斑丽翅蜻

Ⓐ 百花争艳的草地供养着许多以花蜜为食的昆虫，在亚欧大陆和北非的草地上生活着细扁食蚜蝇

Ⓐ 东南亚的长鼻蜡蝉（*Pyrops candelaria*）是热带森林栖息地中被发现的许多引人注目的昆虫之一

极端条件下的昆虫

气候温暖、食物来源丰富的栖息地供养着最丰富的昆虫种类，但也有少数昆虫能够适应更具挑战性的极端条件。

最佳的栖息地可以满足昆虫的所有需求，但这样的栖息地往往会导致竞争。竞争的结果是物种食性趋于专化，这会使它们变得脆弱。只在一种植物上产卵的飞蛾能充分地利用寄主植物，但如果寄主植物灭绝了，飞蛾将无法生存下去。

北极草毒蛾分布在格陵兰岛和加拿大北极地区。这种飞蛾的幼虫和其他灯蛾幼虫一样，身上有长长的毛，它在一年的大部分时间里完全不活动，并利用吐的丝制作冬眠室来忍受低至 -70° C 的温度。这要归功于它细胞中的化学物质，使其在冻结时可以保护自己不受伤害。在最温暖的日子里，它通过晒太阳吸收热量，加快新陈代谢。一旦幼虫发育成熟，就会在北极盛夏的四周内化蛹、羽化和繁殖。南极贝摇蚊的幼虫在冰冻状态下通过脱水存活下来，这样可以防止体内形成破坏性冰晶。

ⓥ 虱蝇一生中的大部分时间都附着在雨燕等快速飞行的鸟类的羽毛上

生活在其他动物身体上是具有挑战性的，尤其是当寄主是一种快速飞行且习惯于远距离迁徙的小型鸟类。雨燕虱蝇（Crataerina pallida）以雨燕的血液为食，在雨燕开始迁徙后，虱蝇幼虫会在雨燕的巢穴中越冬。虽然虱蝇是一种大型昆虫，但它扁平的身体允许其在鸟的羽毛下滑动，因此当雨燕在空中飞行时（飞行能持续数天，速度高达 110 千米 / 时），虱蝇能够附着在寄主身上。

(ˇ) 一些生活在沙漠中的拟步甲的鞘翅上有突起，雾气会在上面凝结成水珠

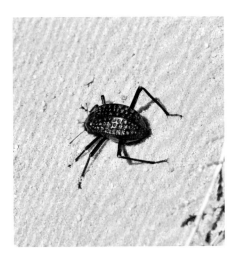

沙漠"水篮"

非洲一些拟步甲科的甲虫非常适应纳米布沙漠的生存环境。这种炎热、干燥的环境会导致生物严重失水，但这些拟步甲有物理适应能力来尽量减少水分的流失。一些物种还进化出了巧妙的方法：从笼罩沙丘的清晨薄雾中获取水分。最著名的是沐雾长足甲（Onymacris unguicularis），这些甲虫会在清晨时爬到沙丘的顶端，用前足站立，将腹部末端倒立在半空中，雾气会逐渐凝结在它们的背上，然后流向口器。它们能够吞下自身体重 40% 的水。

(ˆ) 纳米布沙漠里的沐雾长足甲。这个物种在清晨会用倒立的方式让雾气凝结在背上

昆虫的生态作用

昆虫是地球上最丰富的陆生动物群。就物种多样性而言，昆虫在各种生态系统中都扮演着重要的角色。

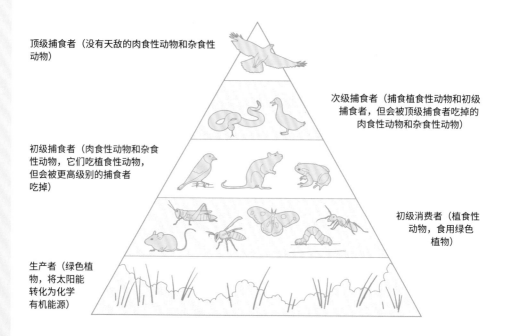

顶级捕食者（没有天敌的肉食性动物和杂食性动物）

次级捕食者（捕食植食性动物和初级捕食者，但会被顶级捕食者吃掉的肉食性动物和杂食性动物）

初级捕食者（肉食性动物和杂食性动物，它们吃植食性动物，但会被更高级别的捕食者吃掉）

初级消费者（植食性动物，食用绿色植物）

生产者（绿色植物，将太阳能转化为化学有机能源）

这张金字塔图虽然简化了，但呈现出太阳能从植物传递到植食性动物再到肉食性动物的过程。每一个阶段都会损失一些能量。因此，在任何环境中，较低层级的生物量总是远远高于较高层级的生物量

所有的生命都需要能量。动物通过吃其他动植物来获得能量，这种能量的最初来源是太阳。通过光合作用，绿色植物和被称为蓝藻的细菌类微生物可以利用阳光在细胞中完成化学反应，将水蒸气和二氧化碳转化为葡萄糖。葡萄糖是一种单糖，是生物的基本能量来源。光合作用让植食性动物得以演化出现，进而也为肉食性动物的演化提供了基础。

生态系统建立在进行光合作用的"生产者"的基础上。在这一层之上的是"消费者"，它们通过捕食生产者来获取能量。这就给了更高层的消费者——捕食者一个机会，捕食者会吃掉初级消费者。为了保持生态系统的稳定，生产者的数量必须远远超过消费者。这也是为什么微小的孤立岛屿上的生态系统会比较容易受到一次破坏性事件的影响。但在一个稳定的生态系统中，物种有机会变得

更加专化，生物多样性也会更高。最终的生态系统并非一个整齐的分层蛋糕，而是一个复杂的生命网络。这其中不仅包括植食性动物和肉食性动物，还包括杂食性动物、寄生虫、食腐动物等。

生态位

动物在生态系统中所处的生态位置及作用，包括它生活的地方和食用的物种，被称为生态位。例如，龙虱是淡水环境中的小型捕食者；蜻蜓稚虫也占据一个类似的生态位，但成年蜻蜓占据的生态位不同，它是其他飞行昆虫的空中捕食者。生态位可以重叠，但重叠到一定程度的时候，相同生态位之间的竞争会促使更极端的专化。

昆虫占据着各种生态位。一些物种在它们的生态系统中非常重要，如果没有这些所谓的"关键物种"，生态系统将会截然不同。比如白蚁，它们创造了肥沃的土丘，足以撑起热带稀树草原上的微型森林；蚜虫在树叶上分泌蜜露，为大量昆虫提供了糖分，尤其是在花蜜短缺的时候；丽蝇和葬甲是腐肉和动物粪便的重要处理者。

ⓥ 昆虫捕食脊椎动物的罕见例子——蜻蜓稚虫捕获一只蝌蚪

昆虫成为生物防治剂

当一个物种给我们带来问题时，我们有时会通过引入另一个物种来解决第一个物种带来的问题。这种方法可能很有效，但也可能大错特错。

人类早期使用的生物防治（利用一种生物减少另一种生物的数量）已经导致了一些重大的生态问题。在新西兰，人们引进白鼬来捕食先前引进的大量欧洲兔子。这一想法的初衷是基于白鼬是欧洲兔子的有效捕食者，所以认为在新西兰也适用。但结果是白鼬更喜欢猎杀新西兰本土的鸟类，这些鸟类在其进化史上从未遇到白鼬，因此完全没有能力应对这一新的危险。现在，白鼬和欧洲兔子在新西兰都成为入侵物种。

从上述以及类似的案例中我们吸取的重要教训是，除非引入的控制物种能够做到只攻击一个目标物种，否则这种生物防治方法是极其危险的。这就是昆虫被认为是可靠媒介的原因，特别是在一个寄主身上或在一个寄主体内产卵的寄生蜂和苍蝇。

如今，几种拟寄生者已被成功地用于控制特定的问题昆虫。在法属波利尼西亚，非本地的草翅大叶蝉（*Homalodisca vitripennis*）是一种大型的植食性叶蝉，它的数量因柄翅缨小蜂属的胡蜂（*Gonatocerus ashmeadi*）而减少了95%。自20世纪20年代起，人们就在商业温室中使用寄生蜂丽蚜小蜂（*Encarsia formosa*）来防治温室白粉虱（*Trialeurodes vaporariorum*）。不过，自20世纪中期开始广泛使用杀虫剂，丽蚜小蜂的使用已大幅减少。现在，随着许多种植者注重减少农药的使用，生物防治正在大幅复苏。被认证的有机农民和种植者可以使用类似的生物防治昆虫，但不能使用化学杀虫剂。

生物防治

希望减少或停止使用杀虫剂的园丁可以通过利用害虫在自然界、本土的天敌来实现消灭害虫的目的。在这种情况下，人们通常倾向于利用鸟类而非昆虫，但许多捕食性昆虫可以非常有效地控制植食性害虫的数量。比如瓢虫和草蛉的幼虫和成虫都能捕食蚜虫，而花园能为它们提供冬眠的地方，有助于确保它们可以在周围生存下去。此外还可以在花园中饲养食蚜蝇，因为几种食蚜蝇的幼虫以蚜虫为食，成年后的食蚜蝇还是重要的传粉者。

⊙ 粉虱的蛹。这些昆虫是严重的温室害虫，对它们采取的生物防治措施已经进行了100多年

⊻ 草翅大叶蝉是一种以植物为食的半翅目昆虫，会对农作物造成重大损害。法属波利尼西亚使用生物防治的方法来对付它

⊻ 食蚜蝇成虫是传粉昆虫，有些食蚜蝇的幼虫能够捕食取食叶片的昆虫，因此食蚜蝇对园丁来说很有价值

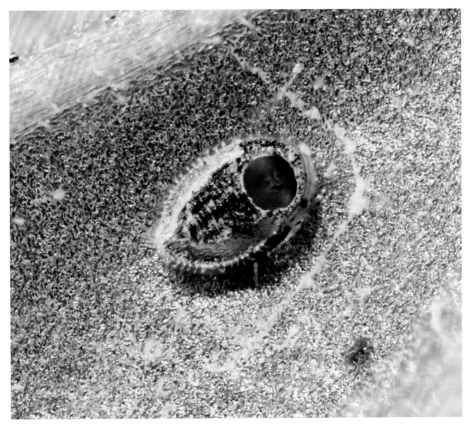

昆虫之"最"

每一种昆虫都有令人印象深刻的特质，甚至一些昆虫因其与众不同的特质或能力在世界纪录上占有一席之地。

与其他动物相比，昆虫在许多方面都能够脱颖而出。昆虫的数量最多，它们是唯一会飞的无脊椎动物，也是唯一表现出高度真社会性的动物类群。

在单个物种的世界纪录方面，最重的昆虫是巨沙螽，它可以重达75克。身体最长的是中国巨竹节虫（*Phryganistria chinensis*），其体长可以超过62厘米。长戟大兜虫是身体最长的甲虫，长17.5厘米，其中超过一半的长度是它巨大的胸角。最小的昆虫来自缨小蜂科的雄性寄生蜂，其长度只有0.14毫米。

强喙夜蛾（*Thysania agrippina*）的翼展是所有昆虫中最宽的，可达30厘米。但它的翅膀相对较窄，在翼展面积方面，它被其他飞蛾打败了，其中包括乌柏大蚕蛾（*Attacus atlas*）。

飞得最快的昆虫是蜻蜓，大型天蛾紧随其后。跑得最快的昆虫是澳大利亚的捷虎甲（*Cicindela hudsoni*），游泳最快的昆虫是豉甲（豉甲科）。黄头长沫蝉（*Philaenus spumarius*）保持着跳高的最高纪录，它能向上跳跃超过70厘米。就飞行距离而言，薄翅蜻蜓（*Pantala flavescens*）在迁徙途中能够飞行6000千米。

声音最响亮的昆虫是非洲蝉（*Brevisana brevis*），雄性非洲蝉的嘈啾声高达110分贝。发光最亮

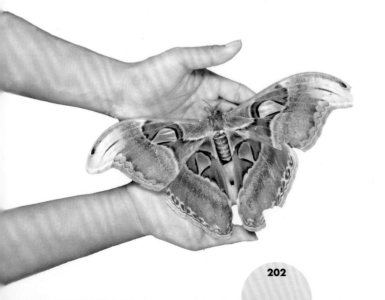

⊙ 乌柏大蚕蛾的翼展面积可达400平方厘米

Ⓐ 强喙夜蛾休息时并不显眼，尽管它的翼展可达 30 厘米

Ⓒ 长戟大兜虫从它的胸角顶端到腹部末端可长达 17.5 厘米

的昆虫是萤光叩头虫（*Pyrophorus noctilucus*），它的发光机制与其他发光动物一样，通过荧光素酶对发光荧光素的作用而产生光（表现在胸部的一对"前灯"）。

令人震惊的蚂蚁

如今，地球上大约有 10 万亿到 10 000 万亿只蚂蚁。就个体数量而言，它们是数量最多的昆虫。有些种类的蚂蚁会筑起巨大的巢穴。在日本北海道岛上有一个日本黑褐蚁（*Formica japonica*）的栖息地，由 45 个相互连接的独立巢穴组成，据估计，巢穴内约有 110 万只蚁后和 3.06 亿只工蚁。在澳大利亚的墨尔本，一群非本地的阿根廷蚂蚁（*Linepithema humile*）的巢穴直径约为 100 千米。

昆虫面临的威胁

昆虫和其他所有生物一样，都面临着一系列的生存威胁。昆虫的数量对生态系统而言至关重要，因此它们的消失往往会对许多其他物种产生负面影响。

地球是一个动态系统，在其漫长的历史中发生的许多自然事件，对当地和全球范围内的动物种群造成重创。然而在 20 世纪，昆虫面临的大多数严重威胁都来自人类的活动。

昆虫面临的最大的威胁是栖息地的破坏和丧失。野生栖息地持续受到日益增加的人口所带来的压力，比如被农田、种植园或城市大量取代，也可能因荒漠化、污染或碎片化而间接受损。对于一个昆虫种群来说，即使是一条穿过它们生存范围内的小路，也可能成为一个不可逾越的生存障碍。当种群分裂时，昆虫更容易受到近亲繁殖的影响（遗

Ⓐ 被意外引入几个岛屿的长足捷蚁已经对岛上的生物多样性产生了严重的影响

传多样性降低使得遗传问题频发）。

一些昆虫物种可能对人类的农作物造成巨大的破坏，而人们通常用杀虫剂来解决这个问题。但是，传统杀虫剂（如 DDT）可以杀死所有昆虫，20 世

纪 60 年代和 70 年代，DDT 在西欧和北美的广泛使用不仅导致了昆虫数量的下降，还造成了毁灭性的物种崩溃。

人们把外来物种引入远离原产地的国家的"坏"习惯对许多昆虫物种造成了严重的影响。这种影响在有地理隔离的岛屿上尤为严重，因为岛屿上已经形成的生态系统中，食物链自成体系，如果在这样的环境中引入一种食谱范围较广的捕食者（一种在更加多样化动物群中进化的捕食者），通常会给本地物种带来灾难。例如，在新西兰（一个历史上没有本土捕食性哺乳动物的国家），70 种湿地动物中有若干种受到引进的老鼠、白鼬、猫和刺猬的屠杀。巨沙螽体型庞大、行动缓慢，是蝗虫的近亲，它们和食虫的鸟类一起进化，但没有能力抵御上述哺乳类的捕食者。

如果采取合理的方式为博物馆收集昆虫标本，通常不会对昆虫造成太大的危害。但肆无忌惮的收藏家急于获得特定种类的标本，使得一些已经非常稀少的物种面临巨大的生存威胁。

昆虫对其他物种的威胁

外来入侵物种威胁着世界上许多地区的野生动物及其生态系统，其中有几种昆虫属于破坏性的入侵物种。最臭名昭著的莫过于长足捷蚁（*Anoplolepis gracilipes*），它可能原产于东非，但现在可以在许多岛屿上发现它的踪迹。长足捷蚁具有强悍的掠食性和侵略性，并能建造超级巨大的蚁巢，对圣诞岛的动物群带来了毁灭性的影响。

⌄ 新西兰美丽的风景掩盖了大量外来物种造成的生态破坏

灭绝

绝大多数经历了漫长进化的物种已经灭绝了，而其他物种，甚至人类也躲不过这样的命运。如今，物种的灭绝速率远远高于"自然"的更替速率。

当一个物种的最后一个个体死亡时，就代表这个物种灭绝，并且再也不会复活（至少在克隆技术改进之前是这样）。如果某物种已知的个体仅存活于人工圈养的环境，就被认定为野外灭绝。如果物种剩余的个体（无论是野生还是人工）不能产生一个可持续的繁殖种群（例如数量太少，或者所有剩余个体均为相同的性别），就被认定为功能性灭绝。

当然，许多（也许是大多数）物种的灭绝是我们肉眼无法观察到的。毫无疑问，在所有灭绝的物种中有数不清的

种类甚至从未被"发现"过，尤其是昆虫。因为许多昆虫体型微小，很难被观察和识别。

在野外确认物种灭绝总是具有不确定性，人们已经重新发现了很多被认为已经灭绝的物种。不过，一般来说，如果对一个濒危物种的所有已知栖息地进行多季节的重复性实地调查后，均未寻找到该物种，那么这个物种很可能已经

⌄ 化石记录表明，在过去的 5 亿年里，物种的总体灭绝速率波动很大，并出现了五次明显的峰值。这些峰值表示快速、大规模的灭绝事件

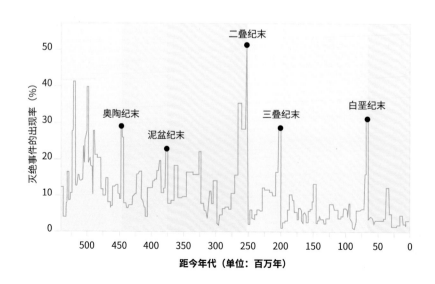

灭绝了。最近灭绝的昆虫包括加利福尼亚戈灰蝶（*Glaucopsyche xerces*），这是一种北美蝴蝶，最后一次出现的时间是在 1943 年。旧金山的城市发展破坏了其沙丘栖息地，从而导致加利福尼亚戈灰蝶灭绝。薛西斯协会（Xerces Society）成立于 1971 年，致力于保护被认为对生物多样性和生态系统健康至关重要的无脊椎动物。

其他最近灭绝的昆虫还有来自夏威夷毛伊岛的长体蜻蜓（*Megalagrion jugorum*），北美曾经异常丰富、蝗群可能超过 10 万亿只个体的洛矶山黑蝗（*Melanoplus spretus*），以及南大西洋圣赫勒拿岛特有的巨型蠼螋（*Labidura loveridgei*）。该蠼螋是因 20 世纪 60 年代被引进的啮齿动物和掠食性无脊椎动物灭绝的。

从遗忘中归来

克隆技术为灭绝物种重新复活提供了一个机会。这项技术从已灭绝物种的保存标本中提取一个细胞核（包含完整的 DNA），并将其植入一个近缘的受体物种的卵细胞中，最终获得一个全新的活体动物，它是细胞核供体遗传上的"双胞胎"。第一次成功克隆的昆虫是 2004 年的果蝇。但这项技术还没有被用来尝试再现已灭绝的物种。

⊼ 如今，只有在博物馆的一个柜子里才能看到美丽的加利福尼亚戈灰蝶

⊻ 华莱士巨蜂来自印度尼西亚，是世界上已知的最大的蜜蜂。自 1981 年以来没有任何野外记录，因此被宣告灭绝，但在 2019 年时被重新发现

濒临灭绝的昆虫

可悲的是，世界上许多物种都面临着灭绝的危险。尽管与更大型、更熟悉的动物相比，昆虫的生存现状是鲜为人知的，但不得不承认大量昆虫也处在灭绝的边缘。

如今的野生动物面临着一系列无情的威胁，其中大多数是由人类活动造成的。也许，第六次生物大灭绝事件正在发生，其破坏性可能不亚于上一次（大约 6600 万年前，一

⊼　栖息地的破坏和丧失会殃及整个生态系统，而恢复却是一个漫长的过程

濒危物种

到目前为止，科学家们已经描述了超过 100 万种昆虫，可能还有至少 500 万种尚未被发现。世界自然保护联盟（IUCN）迄今为止已经对其中的近 4300 种进行了评估，有近四分之一的物种被发现有灭绝的危险。毫无疑问，即使将来会有更多物种被描述、更多评估将完成，这一比例也不会发生变化。

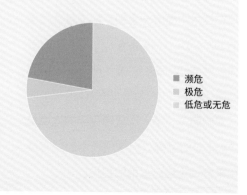

■ 濒危
■ 极危
■ 低危或无危

颗巨大的小行星撞击地球，摧毁了地球上约四分之三的动植物物种）。

世界自然保护联盟是一个全球性的组织，职责是根据所有现有证据评估每种野生物种濒临灭绝的程度。它划分的评估等级分别是无危（没有立即灭绝的风险）、近危、易危、濒危、极危、野外灭绝和灭绝。资料不足的物种被归为数据缺乏的物种。在撰写本书时，近 4300 种物种已被全面评估，其中约 1150 种被列为受威胁的类别。

约有 200 种昆虫被列为极危物种，这意味着它们在野外面临着极高的灭绝风险。其中包含许多美丽的物种，如镰扁蟌属的物种（*Drepanosticta hilaris*）、袖蝶属的娜袖蝶（*Heliconius nattereri*）和坎特伯雷圆头象甲（*Hadramphus tuberculatus*）。但极危物种中的大多数昆虫都没有通用名称，可能永远也不会有了。

⌃ 原产于巴西大西洋森林的袖蝶。追踪并记录快速变化的栖息地中的昆虫种群是一场与时间的赛跑

真正的现状？

现有 1700 种昆虫被归类为"数据缺失"的物种，其中包含部分无疑处于严重危险状态的昆虫。另外还有数量未知的、尚未被发现和描述的物种。上述情况中，许多物种肯定在我们不知道的情况下销声匿迹了。

据估计，当今世界物种灭绝的速度大约是自然"本底率"的 1000 倍。当前的大灭绝正发生在所有的分类群、世界性区域和所有栖息地中，尤其是在生物多样性最丰富的地区。由于昆虫在生态上的重要性，它们的消失对许多其他物种，从植物到高级捕食者，都会产生影响。

当我们观察其他动物群体时，昆虫的灭绝和减少造成的连锁效应是非常明显的。例如在北美，鸟类数量比 1970 年减少了 29 亿只（下降了 29%），而以昆虫为食的物种受到了不成比例的影响。正如第 211 页所提到的，世界范围内昆虫数量的下降也让人类非常担忧。

昆虫的保护

进入 21 世纪，人类越来越重视地球上野生动物的大规模消失问题。昆虫的生物多样性正在急剧减少，这影响了所有其他生物。

保护动物的历史充满了个人成功的故事，有些与昆虫相关。其中最著名的是原产于新西兰附近的豪勋爵岛的豪勋爵岛竹节虫。1920 年，由于当地引进了老鼠，强壮的豪勋爵岛竹节虫在豪勋爵岛上灭绝了。但在 2001 年，人们发现它仍然在附近一个没有老鼠的小岛上存活着。两对竹节虫被带到墨尔本动物园，开始了人工圈养繁殖计划，同时豪勋爵岛的老鼠被根除。如今已经有几千只豪勋爵岛竹节虫被圈养繁殖。

只要找到最初导致昆虫数量下降的原因，圈养繁殖和重新引入通常能成功恢复特定昆虫的种群。霾灰蝶自 1979 年从英国消失后，现在已经利用欧洲大陆的种群重新建立英国的种群。不过，这个重建项目成功的前提是生物学家研究了霾灰蝶的生态学，并确定了红蚁在二者独特寄生关系中发挥的关键作用。

⌄ 在花园里搭建一个这样的"虫虫旅馆"，可以为各种无脊椎动物提供筑巢和冬眠的地方

⊙ 热带雨林是地球上生物多样性最丰富的陆地栖息地

为了确定重新引入蝴蝶之前红蚁的增长数量，重新引入的地点也被监测了数年。

拯救单一且非常罕见的，或分布范围有限的物种免于灭绝是一项艰巨的任务，也是一件值得努力的事情。就整体生态影响而言，这只是故事的一个脚注。物种的普遍衰退，包括某些生物量非常丰富的物种的减少，会影响许多依赖其生存的其他物种，并对整个生态系统造成非常大的破坏。德国 2017 年的一份报告公布了其对 63 个自然保护区的研究数据，报告指出 1989 年至 2016 年间，在仲夏活跃的昆虫数量下降了 82%。波多黎各埃尔云克国家森林公园的一份类似的研究报告表明，1976 年至 2012 年间，地面和树冠层的节肢动物减少了 78% 至 98%。这些物种的减少主要归因于气候变化。

如此大规模的物种减少确实让人震惊，尤其是人们种植的大部分作物都依赖于昆虫传粉。其他陆地物种，比如依赖昆虫授粉的野生植物以及以昆虫为食的动物，已经受到了影响。如果我们要避免这场愈演愈烈的危机，现在就必须在全球范围内对昆虫进行保护。

⊙ 20 世纪 80 年代，一项重新引进计划将霾灰蝶带回了英国

从家里开始

昆虫的优势之一是（在大多数情况下）繁殖速度快。这意味着，如果环境有利，它们的数量可以在短短几代内迅速恢复到原来的水平。让昆虫在我们自己的小块开放空间中生存是很容易的。在你的花园里种植一些本地物种，停止使用杀虫剂，增加多样的自然栖息地类型（可以是野花草地、池塘或木材堆），为促进本地昆虫群落的发展做出自己的贡献。大多数国家至少有一个慈善保护机构致力于保护昆虫及其栖息地。加入这样的组织将有助于支持他们的工作，并让你了解其他地方和国家对昆虫和其他野生动物的影响。

术语表

背血管 输送血淋巴的中心血管，功能类似于脊椎动物的心脏。

变态 幼虫向成虫的转变。

表皮 昆虫的外壳或外骨骼，一些内部器官也有表皮层。

捕食者 捕捉并杀死其他动物，并以其为食的动物。

不完全变态发育 不完全变态昆虫的发育类型，从幼虫到成虫，不经历蛹期。

成虫 成年有翅昆虫的另一种说法。

翅脉 昆虫翅膀内的分支网状脉络。

翅膀 大多数成年昆虫的膜状结构，用于提供飞行的动力和升力。

初羽化的成虫 刚羽化的成年昆虫，通常身体柔软，尚未准备好繁殖。

触角 在头部的具有感觉功能的附肢，主要用来探测气味。

传入和传出神经 传入神经将神经信号从感觉器官传递到大脑和中枢神经系统。传出神经的传递方向相反，它将中枢神经系统的信号传递到身体的其他部位，比如肌肉。

单眼 一些昆虫中除了复眼外，还有一只小而简单的眼睛。

单枝型 附肢的一种，只有一个分支，作为鳃或足。一些节肢动物有双枝型附肢，每一个都包括鳃和足。

等位基因 位于一对同源染色体相同位置上控制同一性状不同形态的基因。等位基因是物种遗传多样性的基础。

蝶蛹 蝴蝶的蛹。

冬眠 以新陈代谢大大降低的不活跃状态过冬。

颚 用于撕咬的口器结构。

附肢 成对附着在身体某些体节上的分节结构，具有多样的功能（包括足和触角）。

复眼 由多个小眼组成的成对视觉器官，见于大多数昆虫的头部。

腹部 昆虫身体基本结构的第三部分。

隔离贮存 将来自饮食中的物质以不变的状态储存在身体组织中。有些昆虫会从所吃的植物中积累有毒化合物，使自己的身体对任何捕食者来说都是有毒的。

工蜂（工蚁） 真社会性昆虫群体中的非繁殖个体，它的活动可能包括群体防御、巢穴维护和收集食物。

基因 DNA 片段，每一段都提供制造特定蛋白质的"指令"。

寄生者 任何永久地（至少在其生命的一个阶段）生活在另一动物身体上，并消耗其身体组织（如血液或皮肤）的动物。

茧 一些飞蛾和其他昆虫产生的、包裹在蛹周围的保护性丝壳。

口器 头部用于摄食的附肢。

猎物 被捕食者杀死的动物。

龄期 昆虫幼虫相邻两次蜕皮之间经历的时间。

马氏管 连接肠道的结构，有助于维持体内的液体平衡。

拟寄生者 在活体寄主体内或寄主身上产卵的昆虫。其幼虫会吞食寄主，最终杀死寄主。

农作物害虫 以农作物为食，且对农作物植株造成重大损害的昆虫。

女王 真社会性昆虫巢穴中具有繁殖功能的雌性。

平衡棒 双翅目昆虫特化的棒状后翅。

气门 昆虫体节上的孔，用来吸收氧气和排出二氧化碳。

迁徙 在一年中的特定时间（定期且可预测的）从一个地区转移到另一个地区，以避免遭遇恶劣的天气或温度。

鞘翅 甲虫改良的、加厚的前翅。

染色体 在动物每个细胞的细胞核中发现的长链DNA，每条都由许多基因组成。染色体成对出现，在同一昆虫物种中数量相同，例如黑腹果蝇（*Drosophila melanogaster* 有4对染色体）。

若虫 不完全变态昆虫幼虫的另一种叫法。

鳃 从水中提取氧气的结构。

神经节 一束神经细胞，功能类似于微型大脑。

生态系统 特定栖息地内及其生物群落组成的系统。

生态学 研究生物及其环境之间关系的功能性、系统性的学科。

水生 在水中生活。

体节 昆虫和其他节肢动物身体的每一节。

头部 昆虫身体基本结构的第一部分。

突变 在细胞分裂之前染色体复制的过程中，有时会出现错误，使得新的染色体副本上的基因与原来的不完全相同。这是一种基因突变，如果它发生在日后发育成胚胎的精子或卵子的形成过程中，这一突变会在胚胎中的所有细胞中遗传。

完全变态发育 完全变态昆虫的发育类型，它经历四个生命阶段：卵、幼虫、蛹和成虫。

尾铗 腹部末节的附肢，通常在交配时使用。

胃 消化道的第一部分，吞下的食物被储存在这里。

夏眠 在炎热干燥的夏季长时间不活动。

小眼 构成复眼的感光结构。

胸部 昆虫身体三个基本结构中的第二个（中间）部分。

血淋巴 昆虫血腔中的液体，用来运输代谢物。

血腔 昆虫体内充满血淋巴的体腔。

亚成虫 蜉蝣目昆虫变成成体前特有的阶段。

蛹 完全变态昆虫处于幼虫和成虫之间的不活跃的生命阶段，在此期间发生变态发育。

幼虫 尚未蜕变为成年的昆虫，昆虫的一个生命阶段。

真社会性昆虫 不同世代共同生活的物种，大多数个体是不繁殖的工蜂（工蚁），负责维持群体和供养具有繁殖功能的雌性或成对昆虫。

脂肪体 昆虫体内储存脂肪的结构，也具有排毒和其他类似于脊椎动物肝脏的功能。

索引

图片出处说明

Alamy
9 lower © Te Natural History
Museum / Alamy Stock Photo
87 © Cultura Creative (RF) / Alamy

Stock Photo
207 lower © Nicolas Vereecken /

Alamy Stock Photo
Creative Commons
15 upper © Gregor Nidar
83 © Beatriz Moisset
39 both © Sharp Photography
150 lower © Stemonitis
173 lower © Hectonichus
207 upper © Brianwray26

Nature Picture Library
91 © Tim Edwards
147 © Radu Razvan
150 upper © Paul Cowan
159 lef © John Cancalosi
161 lef © Philippe Clement
181 © Visuals Unlimited
199 © Jan Hamrsky

Science Photo Library
21 © RICHARD BIZLEY
25 © LOUISE MURRAY
65 upper © Stephen Dalton

Shutterstock
5 © Vladimir Prokop
6 © Merlin74
7 © Hhelene
9 upper © Marco Uliana
10 © Ann in the uk
11 upper © Jacky D
14 lower © Matt Jeppson
13 upper © gan chaonan
13 lower © Pavel Krasensky
15 lower © FerencSpeder84
19 © macgorka
19 © Gerald A. DeBoer
22 © John Gregory
23 upper © Pavel Krasensky
23 lower © Vlaso Opatovsky
25 © 2seven9
26 © Alexmalexra
27 upper © Mirko Graul
27 lower © MD_ Photography
29 © alslutsky
30 lef © hwongcc
30 © Eric Isselee
31 © Tomatito
32 © Daniel Prudek
33 upper lef © Tomatito
33 upper right © Costea Andrea M
33 lower lef © Eileen Kumpf
33 lower right © Henrik Larsson
34 both © Peter Halasz
35 lef © Sandra Standbridge
35 right © Mospan Ihor

36 © Johan Larson
37 upper lef © Bildagentur Zoonar

GmbH
37 upper right © Sriyana
37 middle lef © OlegD
37 middle right © Cornel

Constantin
37 lower right © MityaC13
38 top two © Paul Stout
38 middle © Violetta Honkisz
38 lower-mid © symbiot
38 bottom © Aksenova Natalya
40 upper © Leisha Kemp-Walker
40 lower © Alen thien
41 © Lightboxx
43 top lef © szefei
43 top right © Elena Elisseeva
43 upper-mid lef © Klaas Vledder
43 upper-mid right © ninii
43 lower-mid lef © Mark Brandon
43 lower-mid right © Henri

Koskinen
43 bottom lef © yxowert
43 bottom right © kristine.tanne
45 © Skyler Ewing
56 © fnchfocus
47 © Tomasz Kowalski
48 upper © IanRedding
48 middle © Martin Pelanek
48 lower © Ttstudio
49 lef © PhotoAlto/Christophe

Lemieux
49 right © Rudmer Zwerver
51 upper © gardenlife
51 lower lef © Anteromite
51 lower right © Lutsenko_

Oleksandr
52 © Radu Bercan
53 © Jari Sokka
54 © Irina Kozorog
56 © frank60
57 upper © Dancestrokes
57 middle © Ishwar Takkar
57 lower © corlafra
58 upper © monika3steps
58 lower © Erika Bisbocci
59 lef © travelpeter
59 right © scubaluna
61 © Evgeniy Melnikov
63 © Kevin Wells Photography
64 upper © Eric Isselee
65 lower © Alexander Sviridov
65 lower © Anteromite
67 upper © Poppap pongsakorn
67 lower © Tomasz Klejdysz
68 lef © lehic

68 right © Henrik Larsson
69 upper © Jan Miko
69 lower © Martin Pelanek
70 © Pyma
71 © SIMON SHIM
72 © Timothy Weinell
73 upper © thatmacroguy
73 lower © Protasov AN
75 © Tin21
77 upper © Cornel Constantin
77 lower © narong sutinkham
78 © Ernest Cooper
79 upper © Photo Insecta
79 middle © Henrik Larsson
79 lower © 108MotionBG
81 upper © Afanasiev Andrii
81 lower © Kazakov Maksim
84 lef © Jolanda Aalbers
84 right © Vitalii Hulai
85 upper lef © Savo Ilic
85 upper right © Randy Bjorklund
85 lower © AjayTvm
89 © Alexey Lobanov
90 © Protasov AN
93 © AlessandroZocc
95 upper © Henrik Larsson
95 lower © Ezume Images
96 © Darkdiamond67
98 © Christian Musat
99 upper © Marco Maggesi
99 lower © Rainer Fuhrmann
101 upper © Creatikon Studio
101 lower © Naronta
103 © lucky vectorstudio
105 upper three © Kuttelvaserova

Stuchelova
105 bottom © Kluciar Ivan
107 upper lef © Helen Cradduck
107 upper right © Brett Hondow
107 lower lef © Perry Correll
107 lower right © Eileen Kumpf
108 © Geza Farkas
109 lef © Premaphotos
109 right © Isti yano
110 © Tomasz Klejdysz
111 © thatmacroguy
112 © Alta Oosthuizen
113 lef © Sanjoy Krishna Das
113 © Phil Savoie
114 © Predrague
115 lef © aaltair
115 right © Holger Kirk
116 © DM Larson
117 upper © Eataru Photographer
117 lower © Judith Lee
118 © IanRedding
119 © Michael W NZ
119 upper lef © JOTAQUI
119 upper right © Javier Chiavone

120 © Rupinder singh 0071
121 upper © Lost Mountain Studio
121 middle © Tomasz Klejdysz
121 lower © Dario Sabljak
123 © Nicole Patience
123 © Eric Isselee
125 upper four © Drägüs
125 lower © Stephan Morris
126 © Cathy Keifer
127 © Sugi8816
128 © SIMON SHIM
129 upper © Lawrence Jeferson
129 lower © Helissa Grundemann
130 lower © FAGRI
131 upper © Michael Benard
131 middle © Richard Bartz
131 lower © Witsawat.S
132 © Joaquin Corbalan P
133 © Margus Vilbas
135 upper © Charlotte Bleijenberg
135 middle © Tim Lamprey
135 lower © leandros soilemezidis
137 © muhamad mizan bin ngateni
139 © eleonimages
140 © wonderland
141 © Gerry Bishop
141 © JoannaGiovanna
142 upper © thatmacroguy
142 lower three © Michal Hykel
143 lower three © Michal Hykel
143 © watthana promsena
144 © Linda Bestwick
144 © Igor Chus
146 © de2marco
148 all © halimqd
149 © Danuphon Leesuksert
153 © Jiri Hrebicek
154 lef © Sarah2
154 right © Sriyana
155 lef © Jiri Hrebicek
155 right © Codega
156 © Martina_L
157 upper © Jolanda Aalbers
157 lower © JEONG MANHEUNG
158 © Vinicius R. Souza
159 right © Kazakov Maksim
160 upper © Illiyin
160 lower © Vitalii Hulai
160 right © Rainer Fuhrmann
162 © Danita Delmont
163 upper © tony mills
163 lower © Jef Holcombe
164 upper © Simun Ascic
164 lower © Elen Marlen
165 © MicrotechOz
166 © Gerhard Prinsloo
167 upper © Stephen Barnes
167 lower © IanRedding

168 © kallen1979
169 upper © Milan Rybar
169 lower © Predrague
170 lef © Tacio Philip Sansonovski
170 right © lucasfaramiglio
171 lef © Protasov AN
171 right © photowind
172 © Jumos
173 upper © Nik Bruining
175 © Viktor Gladkov
176 upper © Oleg_Serkiz
177 lower © Dominic Gentilcore
178 © Guillermo Guerao Serra
179 © Jose Luis Calvo
183 © Nick Upton
185 © Nenad Nedomacki
186 © McElroy Art
189 © Oleksandrum
190 © Henri Koskinen
191 upper lef © Dmitry

Monastyrskiy
191 upper right © Lutsenko_

Oleksandr
191 lower © Paco Moreno
192 © santypan
193 upper lef © ABS Natural

History
193 upper right © Ilizia
193 lower © Studiotouch
195 upper lef © NatchaS
195 upper right © Damsea
195 mid-right © photos_adil
195 lower lef © CHANNEL M2
195 lower right © Kunlaphat

Raksakul
195 mid-right © rmk2112
196 © Pavel Krasensky
197 upper © fritz16
197 lower © Piotr Velixar
201 upper right © Anthony Fergus
201 lower © dohtor
202 © Cocos.Bounty
203 lower © Georges_ Creations
203 © Salparadis
204–205 © Ed Goodacre
204 upper © Young Swee Ming
208 © Tarcisio Schnaider
210 © dvlcom
211 upper © Jhurst84
211 lower © Cesar J. Pollo

24 © 刘晔

Illustrations by Robert Brandt